特种设备作业人员考核培训教材

起重机司机

山东金特装备科技发展有限公司 组编

主　编　陈增江　刘建丽
副主编　李成良　佟永帅　陈晓伟　高向革　袁　涛
参　编　贾雪峰　孙昌泉　田洪根　宿爱香　侯兆泷
　　　　周浩青　郑朝晖　和大龙
审　稿　桑　森　黄元凤　陈　全　郭敏德　李长江

U0178467

机械工业出版社

本书按照国家市场监督管理总局颁布的《特种设备作业人员考核规则》（TSG Z6001—2019）中的《起重机械作业人员考试大纲》的要求，结合国家现行起重机相关的法律、法规、安全技术规范及标准的内容要求进行编写。主要内容包括：起重机械概述、起重机械基础知识、桥式和门式起重机安全操作技术、塔式起重机安全操作技术、门座起重机安全操作技术、缆索式起重机安全操作技术、流动式起重机安全操作技术、升降机安全操作技术、起重机械作业安全知识、起重机械紧急事故的应急处置和起重机械安全管理制度等知识，并附有模拟试题供参考使用。

本书既可作为起重机械作业人员考核培训教材，又可作为从事起重机械相关工作的专业技术人员的参考用书。

图书在版编目（CIP）数据

起重机司机/山东金特装备科技发展有限公司组编；陈增江，刘建丽主编. —北京：机械工业出版社，2021.11

特种设备作业人员考核培训教材

ISBN 978-7-111-69381-9

Ⅰ.①起…　Ⅱ.①山…　②陈…　③刘…　Ⅲ.①起重机械－操作－安全培训－教材　Ⅳ.①TH210.7

中国版本图书馆 CIP 数据核字（2021）第 211703 号

机械工业出版社（北京市百万庄大街 22 号　邮政编码 100037）
策划编辑：陈玉芝　王振国　侯宪国
责任编辑：陈玉芝　王振国　侯宪国　王　博
责任校对：郑　婕　张　薇　封面设计：马若濛
责任印制：常天培
天津嘉恒印务有限公司印刷
2022 年 4 月第 1 版第 1 次印刷
184mm×260mm・13 印张・318 千字
0001—3000 册
标准书号：ISBN 978-7-111-69381-9
定价：39.90 元

电话服务　　　　　　　　　网络服务
客服电话：010-88361066　　机 工 官 网：www.cmpbook.com
　　　　　010-88379833　　机 工 官 博：weibo.com/cmp1952
　　　　　010-68326294　　金 书 网：www.golden-book.com
封底无防伪标均为盗版　机工教育服务网：www.cmpedu.com

前　言

　　起重机械在国民经济各行业、各部门都具有广泛的作用，对提高生产率、减轻体力劳动强度、实现生产过程机械化和自动化也起到十分重要的作用。

　　起重机械作为八大类特种设备之一，是机电一体化设备，有其固有的风险性。为加强起重机械安全使用和规范化管理，减少和预防起重机械伤害事故，我们编写了这本《起重机司机》培训教材。

　　本书按照国家市场监督管理总局颁布的《特种设备作业人员考核规则》（TSG Z6001—2019）中的《起重机械作业人员考试大纲》的要求，结合国家现行起重机相关的法律、法规、安全技术规范及标准的内容要求进行编写，突出起重机司机理论与实践的融合性，系统介绍了起重机司机应该掌握的起重机械基础知识、安全操作规程、安全管理制度以及有关安全知识。介绍的起重机械类别包括：桥式起重机、门式起重机、塔式起重机、门座起重机、缆索式起重机、流动式起重机、升降机等。书后附有模拟试题供参考使用。本书是起重机司机考取特种设备作业人员证的必备教材。

　　本书主编为陈增江、刘建丽，副主编为李成良、佟永帅、陈晓伟、高向革、袁涛，参编为贾雪峰、孙昌泉、田洪根、宿爱香、侯兆泷、周浩青、郑朝晖、和大龙，统稿人员为陈增江、陈晓伟、高向革、宿爱香；图片由和大龙提供。

　　本书编者由泰安市特种设备检验研究院、山东金特装备科技发展有限公司、山东龙辉起重机械有限公司等单位有多年工作经验的同志组成，泰安市特种设备检验研究院武军院长给予了大力支持。本书由山东金特装备科技发展有限公司组织审稿，审稿人员为桑淼、黄元凤、陈全、郭敏德、李长江。在此表示衷心的感谢！

　　本书在编写过程中修改再三，力求做到简明、实用、准确，但由于编者的水平和经验有限，难免有疏漏之处，在此恳请使用者和专家提出宝贵意见和建议，以便继续修订完善。

编　者

目　录

第一章
起重机械概述

起重机械的发展简史及发展趋势

起重机械是现代工业生产必不可少的设备，它是用来对物料进行起重、运输、装卸等作业的机械设备，在国民经济各行业、各部门都有广泛作用，起着减轻体力劳动强度、提高劳动生产率和促进生产过程机械化的作用。例如：一个现代化的大型港口，每年的货物吞吐量达几千万吨甚至上亿吨，完成如此繁重的装卸任务，离不开成套的起重设备。码头岸边起重机械林立，也是现代化的一个象征。

下面简单介绍一下起重机的发展历史。

一、古代篇

自有人类文明以来，物料提升便成了人类活动的重要组成部分，距今已有五千年的发展历史了。

据史料记载，早在公元前5000—公元前4000年的新石器时代末期，为埋葬和纪念死者而修筑石棺和石台时，古代劳动人民已经开始开凿和搬运巨石。

中国古代灌溉农田用的桔槔，出现年代大约在商朝时代。桔槔俗称"吊杆""秤杆"，作为一种利用简单杠杆原理，由提水容器和配重组成的原始汲水工具，大大减轻了人的体力劳动，如图1-1所示。

图1-1 桔槔

闻名世界的古埃及金字塔，塔上的大石块、石碑和雕像的重量有的达1000t。据记载，

1

当时采用的起重运输工具为滚子、斜面和杠杆，均用人力驱动，如图1-2所示。

图1-2　金字塔及建造示意图

利用杠杆原理衍生出了滑轮，而由滑轮逐渐衍生出了更为复杂的机械设备，可以说这些机械设备彻底改变了人类的生活方式。利用滑轮的阿基米德起重机如图1-3所示。

公元前10年，古罗马建筑师维特鲁维斯曾在其建筑手册里描述了一种起重机械。这种机械有一根桅杆，杆顶装有滑轮，由牵索固定桅杆的位置，用绞盘拉动通过滑轮的缆索，以吊起重物，如图1-4所示。

有些起重机械可用两根桅杆，构成人字形，把吊起物横向移动，但幅度很小。

到了15世纪，意大利发明了转臂式起重机，这种起重机有根倾斜的悬臂，臂顶装有滑轮，既可升降又可旋转。但直到18世纪，人类所使用的各种起重机械还都是以人力或畜力为动力的，在起重量、使用范围和工作效率上很有限，操作也十分吃力。

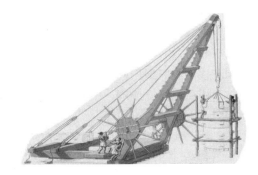

图1-3　阿基米德起重机　　　　　　　图1-4　维特鲁维斯起重机械

公元120年，盖隆的著作中描述了幅度不变和幅度可变的起重机，并记载了自锁式蜗轮传动装置。

公元1490—1550年，阿格里高拉在其著作中对旋转起重机作了描述，这是一台人力驱动的可进行起升、变幅和回转运动的木制起重设备。

1597年，劳利尼在著作中描述了齿条举升器、船舶卸货用的旋转起重机以及幅度可变的运行式建筑起重机和浚泥船。

二、近现代篇

18世纪中后期，英国著名的发明家瓦特改进蒸汽机之后，为起重机械提供了动力条件。

蒸汽机推动了第一次工业革命，起重机也因之有了较大的发展。

1805 年，伦敦船坞建造了第一批蒸汽起重机。

1827 年，出现了第一台用蒸汽机驱动的固定式回转起重机，从此结束了起重机采用人力驱动的历史。

1878 年 8 月建造的费尔贝恩蒸汽起重机（见图 1-5）是目前尚存的最古老的起重机之一，该起重机位于英国布里斯托尔，重达 120t，香蕉型的吊臂高 12m，回转半径 11m，可以举起 35t 重的物品。

图 1-5　费尔贝恩蒸汽起重机

电力驱动装置的出现，是起重机发展史上的转折点。

1885 年制成第一台电力驱动的旋转起重机。

1887 年制成了电力驱动的桥式起重机。

1889 年出现了门座和半门座起重机。

20 世纪初期，欧洲开始使用塔式起重机。

1903 年，德国斯泰尔公司开始生产环链葫芦。

1911 年，德国德马格公司开始生产第一代钢丝绳电动葫芦，为世界最早出现的电动葫芦。

1916 年，美国开始制造硬橡胶实心轮胎的自行式起重机。

1918 年，德国生产出第一批履带式起重机。

1933 年，有些起重机已装上了活动式起重臂。

进入工业时代后，可移动的机械式起重机应运而生了。经过上百年的发展，移动式起重机已经派生出汽车起重机（见图 1-6）、履带式起重机、全地面起重机等庞大的分支。

汽车起重机（Truck Crane）在 20 世纪初发源于欧洲。

第一次世界大战后，随着汽车产量迅速增长，汽车式底盘逐渐应用于各类工程机械。欧洲和美国相继出现了一批制造汽车起重机的厂商。

第二次世界大战期间，军工需求刺激了起重机的发展，英国 COLES 公司根据英国皇家空军的需求，研制了采用 6×4 越野底盘的 6t 军用起重机（见图 1-7）。

图 1-6　汽车起重机

图 1-7　军用起重机

第二次世界大战之后，因战后重建工程极大地刺激了起重机的需求，美国诞生了大批起重机生产厂家，诸如林克贝尔、马尼托瓦克、科林等著名厂家。

全路面起重机（All Terrain Crane）于 20 世纪 60 年代发源于欧洲。英国 COLES 公司推出的 100t 级汽车起重机，是当时世界之最，如图 1-8 所示。

1971 年，英国 COLES 公司推出的 Colossus L6000 型汽车起重机，最大起重能力达到 250t。该机仅生产了 1 台（采用 6 轴底盘，桁架臂长 66m，可竖立起来做塔机使用）。不久，英国 COLES 公司又推出了使用箱型伸缩臂的 LH1000 型汽车起重机，如图 1-9所示。

图 1-8　100t 级汽车起重机

图 1-9　箱型伸缩臂的 LH1000 型汽车起重机

此后英国 COLES 公司因经营不善于 1980 年宣告破产，1984 年被美国格鲁夫公司兼并。一代名车从此没落，起重机发展史上自此很少再见 "COLES" 品牌。

2002 年美国格鲁夫公司被马尼托瓦克集团兼并，同年推出的 GROVE GMK7550 型 450t 级全路面起重机是其最大型号，如图 1-10 所示。

新中国成立之后，我国的起重机产业也得以快速发展。

1963 年 3 月，我国研制的首台 Q51 型 5t 汽车起重机面市，如图 1-11 所示。

图 1-10　GROVE GMK7550 型 450t
级全路面起重机

图 1-11　Q51 型 5t 汽车起重机

1975 年，北京起重机厂生产的 Q100 型全回转汽车起重机，最大起重量为 100t，是当时国内最大的汽车起重机，如图 1-12 所示。

徐工集团生产的 QAY1200 型 1200t 级全地面起重机，这是目前世界上最大级别的轮式起重机，如图 1-13 所示。

中国制造的骄傲——徐工 XGC88000 履带起重机是全球最大的履带起重机，额定起重量 4000t，如图 1-14 所示。

大连重工制造的 20000t 桥式起重机如图 1-15 所示。这台命名为 "泰山" 的多吊点桥式起重机，其提升高度最高为 118m，相当于把 250 节满载的火车车厢提升到 23 层高的楼上，横梁长 129m，为双箱型梁结构，如果把这台起重机放倒，要一个足球场才能把它装下，如图 1-15 所示。

图 1-12　Q100 型全回转汽车起重机

图 1-13　QAY1200 型 1200t 级全地面起重机

宏华集团制造的世界最大的超重级移动式组合吊机——宏海号如图 1-16 所示。这台超级起重机的起重能力为 22000t，可以将在陆地上建造的大型钻井平台吊装入水。经换算，宏海号可以一次性起吊 500 节高铁车厢或者搬动 20 层楼高的重物。

图1-14　XGC88000 履带起重机

图 1-15　20000t 桥式起重机

图 1-16　22000t 移动式组合起重机

三、起重机的发展趋势及未来发展方向

1. 起重机的发展趋势

起重机的发展趋势，将主要体现在以下几个方面：

（1）重点产品大型化　起重机的起重量将会越来越大，以满足特殊工程的需要。

（2）通用产品轻量化　采用新材料、合理的结构形式、新的计算方法以减轻设备自重。

（3）高速化　满足生产率日益提高的要求。

（4）多样化　将向满足同一种工况区域内使用多种工作装置的要求发展，以扩大使用范围。

（5）通用化　提高系列产品零部件的通用率。

（6）液压化　主要体现在轮式起重机向全液压传动发展。

（7）安全化　起重机械的可靠性、安全性和舒适性将成为评价设备性能的重要指标。特别是安全性将作为评价先进性的头等重要指标。

（8）自动化　采用微机系统控制和操作遥感控制技术会越来越多。

2. 起重机未来的发展方向

（1）智能化与数字化相结合　传感器技术的发展加快了智能起重机的技术革新，具有防振、防冲击、防水、耐受极端环境条件和危险化学物等功能的传感器与开关应运而生，以保证起重机在面临严酷环境时正常运行。

（2）智能化与自动化相结合　起重机的机械原理与世界一流的电子科学技术结合在一起，将一流的计算机技术、光纤维技术、液压传动技术、电力电气技术、模糊控制技术和微电子技术等先进技术应用至起重机的控制系统和机械驱动系统，以此来实现起重机的智能化与自动化。

（3）智能无人起重机　信息系统、人工智能以及大数据融合，加以网络资源的充分利用，必将建立全面、智能的操作系统，最终实现智能无人起重机操作。

第二节　起重机械的分类

根据《特种设备目录》［质检总局关于修订《特种设备目录》的公告（2014 年第 114 号）］规定：起重机械，是指用于垂直升降或者垂直升降并水平移动重物的机电设备，其范围规定为额定起重量大于或者等于 0.5t 的升降机；额定起重量大于或者等于 3t（或额定起重力矩大于或者等于 40t·m 的塔式起重机，或生产率大于或者等于 300t/h 的装卸桥），且提升高度大于或者等于 2m 的起重机；层数大于或者等于 2 层的机械式停车设备。

根据《特种设备目录》，起重机械共分为 9 类 28 个品种。类别包括：桥式起重机、门式起重机、塔式起重机、流动式起重机、门座式起重机、升降机、缆索式起重机、桅杆式起重机和机械式停车设备等。

起重机械按照结构特点可分为：桥架型起重机、缆索型起重机和臂架型起重机。通常来说：桥架型起重机是指其取物装置悬挂在能沿桥架运行的起重小车、葫芦的起重机，典型如桥式起重机、门式起重机；缆索型起重机是指挂有取物装置的起重小车沿固定在支架上的承载绳索运行的起重机，典型如缆索起重机；臂架型起重机是指其取物装置悬挂在臂架上或沿臂架运行的小车上的起重机，典型如门座起重机、流动式起重机、塔式起重机。

根据《市场监管总局关于特种设备行政许可有关事项的公告》（2019 年 第 3 号）文件要求：起重机械作业人员中，起重机指挥（Q1）、起重机司机（Q2）需要持证上岗。起重机司机根据申请需进行范围限制，各种类型起重机司机需要持证的项目一览表见表 1-1。

表 1-1　各种类型起重机司机需要持证的项目一览表

作 业 项 目	项 目 代 号
桥式起重机司机（桥式起重机作业者）	Q2（限××起重机） 例如： Q2（限桥式起重机） Q2（限门式起重机） Q2（限流动式起重机） Q2（限塔式起重机）
门式起重机司机（门式起重机作业者）	
塔式起重机司机（塔式起重机作业者）	
流动式起重机司机（流动式起重机作业者）	
门座式起重机司机（门座式起重机作业者）	
升降机司机（升降机作业者）	
缆索式起重机司机（缆索式起重机作业者）	

一、各类型起重机的概念及分类

1. 桥式起重机

桥式起重机是指桥架梁通过运行装置直接支撑在轨道上的起重机，在固定的跨度内运行、装卸和搬运物料的机电设备，俗称"行车"或者"天车"，在车间及仓储等场所得到广泛应用。主要品种包括：通用桥式起重机、防爆桥式起重机、绝缘桥式起重机、冶金桥式起重机、电动单梁起重机和电动葫芦桥式起重机等，如图 1-17 ~ 图 1-19 所示。

图 1-17　通用桥式起重机　　　图 1-18　电动单梁起重机　　　图 1-19　电动葫芦桥式起重机

2. 门式起重机

门式起重机是指桥架梁通过支腿支撑在轨道上的起重机，一侧或者双侧带有支腿是门式起重机的典型特点，俗称"门吊""龙门吊"，具有场地利用率高、作业范围大、通用性强等特点，被广泛运用在港口码头、货场、船坞及桥梁架设等露天场地。主要品种包括：通用门式起重机、防爆门式起重机、轨道式集装箱门式起重机、轮胎式集装箱门式起重机、岸边集装箱门式起重机、造船门式起重机、电动葫芦门式起重机、装卸桥和架桥机等，如图 1-20 ~ 图 1-27 所示。

图 1-20　通用门式起重机　　　图 1-21　轨道式集装箱门式起重机　　　图 1-22　轮胎式集装箱门式起重机

图 1-23　岸边集装箱门式起重机　　　图 1-24　造船门式起重机　　　图 1-25　电动葫芦门式起重机

图 1-26　装卸桥

图 1-27　架桥机

3. 塔式起重机

塔式起重机是指臂架安装在垂直塔身顶部的回转式臂架型起重机，俗称"塔机""塔吊"，其臂架长度较大、可回转，作业空间大，且安装拆卸运输方便，主要用于房屋建筑施工中，也多用于造船、电站设备安装等场合。主要品种包括：普通塔式起重机和电站塔式起重机，如图 1-28 和图 1-29 所示。

电站塔式起重机主要用于火电站的建设，包括火电站整个主机的设备安装及其厂房建设和安装。

图 1-28　普通塔式起重机

图 1-29　电站塔式起重机

4. 流动式起重机

流动式起重机是指可以配置立柱（塔柱），能在带载或不带载情况下沿无轨路面行驶，且依靠自重保持稳定的臂架型起重机。其主要特点是：具有自身动力装置驱动的行驶装置，转移作业时不需要拆卸和安装，具有机动性强、负荷变化范围大、稳定性能好和应用范围广等优点。主要品种包括：轮胎起重机、集装箱正面吊运起重机、履带起重机和铁路起重机等，如图 1-30 ~ 图 1-33 所示。

注：汽车起重机已经从《特种设备目录》（2014 年 10 版）删除，不再纳入特种设备管理范畴。

图 1-30　轮胎起重机

图 1-31　集装箱正面吊运起重机

图 1-32 履带起重机

图 1-33 铁路起重机

5. 门座式起重机

门座式起重机是指具有沿地面轨道运行，下方可通过铁路或公路车辆的可回转的安装在门形座架上的臂架型起重机，广泛应用于码头货物装卸，船厂船舶制造及水电站建坝工程等场所。主要品种包括：门座起重机、固定式起重机等，如图 1-34 和图 1-35 所示。

图 1-34 门座起重机

图 1-35 固定式起重机

6. 升降机

升降机是一种以电动机、曳引机、卷扬机或者电动葫芦等为驱动装置，通过齿轮齿条、钢丝绳、链条等部件带动吊笼或者货箱在固定的架体或者刚性导向装置上作垂直或倾斜运动，用以输送人员和物料的机械，其广泛用于建筑施工等领域。主要品种包括：施工升降机、简易升降机两类，如图 1-36 所示。

7. 缆索式起重机

缆索式起重机是以柔性钢索作为大跨度架空支承构件，载重小车在承载索上往返运行，具有垂直运输（起升）和远距离水平运输（牵引）功能，用于在较大空间范围内，对货物进行起重、运输和装卸作业，如图 1-37 所示。缆索式起重机主要有固定式、摆塔式、平移式、辐射式（单弧动式）、双弧动式及索轨式缆索起重机。

图 1-36　施工升降机　　　　　　　　图 1-37　缆索式起重机

8. 桅杆式起重机

桅杆式起重机是指其臂架下端与桅杆下部铰接，上端通过钢丝绳与桅杆相连，桅杆本身依靠顶部和底部支撑保持直立状态的可回转臂架型起重机，如图 1-38 所示。桅杆式起重机制作简单、装拆方便，能在比较狭窄的条件下使用；起重量可达 100t 以上，能吊装其他起重机械难以吊装的特殊构筑物和重大结构，常用在采石场等场合。

9. 机械式停车设备

用于存取和停放车辆的机械或机械设备系统称为机械式停车设备，这是一种集成了机械、电气和液压的一体化专用设备，俗称"立体车库"，如图 1-39 所示。根据结构形式不同一般分为升降横移类停车设备（PSH）、垂直循环类停车设备（PCX）、巷道堆垛类停车设备（PXD）、水平循环类停车设备（PSX）、多层循环类停车设备（PDX）、平面移动类停车设备（PPY）、汽车专用升降机（PQS）、垂直升降类停车设备（PCS）及简易升降类停车设备（PJS）等。

图 1-38　桅杆式起重机　　　　　　　图 1-39　机械式停车设备

第二章
起重机械基础知识

起重机械的主要参数

起重机械的参数是表明起重机械工作性能的指标，也是设计起重机械的重要依据。在起重吊运作业中，这些参数又是选用各类起重设备的依据，是所有从事起重作业人员必须了解、掌握的基本知识。

一、起重量（G）

起重量（G）是指被起升重物的质量，单位为千克（kg）或吨（t）。一般分为有效起重量、净起重量、起重挠性件下的起重量、额定起重量、总起重量和最大起重量等。

（1）有效起重量　吊挂在起重机可分吊具上或无此类吊具直接吊挂在固定吊具上起升的重物质量。

注：可分吊具是指用于起吊有效起重量且不包含在起重机的质量之内的装置。可分吊具能方便地从起重机上拆下并与有效起重量分开，可分吊具不属于起重机本体，仅用于抓取或装载特殊的物料，如：吊钩下悬挂的液压抓斗、电磁铁等。

（2）净起重量　吊挂在起重机固定吊具上起升的重物质量，是有效起重量和可分吊具的质量（若存在）之和。

注：固定吊具是指用于将需要吊运的重物与起重机械承载钢丝绳或者链条直接连接起来，永久固定在起重钢丝绳或链条下端，属于起重机械本体的一部分，如与钢丝绳缠绕在一起的吊钩等。区分某种吊具是可分吊具还是固定吊具的关键是吊具与起重机承载钢丝绳是否直接连接起来，如果直接连接为固定吊具；如果未直接连接为可分吊具。

（3）起重挠性件下的起重量　吊挂在起重机起重挠性件下端的重物质量，是有效起重量、可分吊具（若存在）和固定吊具的质量之和。

注：起重挠性件是指从起重机上垂下，用于悬挂固定吊具的钢丝绳或者链条，属于起重机本体的一部分。

（4）额定起重量　在正常工作条件下，对于给定的起重机类型和载荷位置，起重机设计能起升的最大净起重量，即起重机能吊起的重物或物料连同可分吊具（若存在）质量的总和。

通常情况下所讲的起重量，都是指额定起重量。

注：对于流动式起重机，额定起重量为起重挠性件下起重量，即流动式起重机悬挂钢丝

绳下端包括固定吊具、可分吊具（如果有）和起吊重物质量的总和。

（5）总起重量　直接吊挂在起重机上，例如挂在起重机小车或臂架头部上的重物的质量，是有效起重量、可分吊具（若存在）、固定吊具及起重挠性件质量之和。

（6）最大起重量　额定起重量的最大值。

二、幅度（L）

当将起重机置于水平场地时，从其回转平台的回转中心线至取物装置（空载时）垂直中心线的水平距离称为幅度（L），如图 2-1 所示。幅度有最大幅度和最小幅度之分。

三、起重力矩（M）

起重力矩（M）是幅度 L 与相对应的载荷 Q 的乘积，如图 2-2 所示。公式为：$M = LQ$。

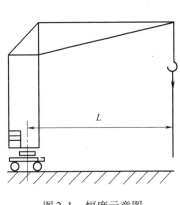

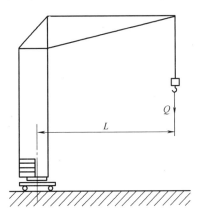

图 2-1　幅度示意图　　　　　　　　图 2-2　起重力矩示意图

四、起重倾覆力矩（M_A）

起重倾覆力矩（M_A）是指载荷中心线至倾覆线的距离 A 和其相对应的载荷 Q 的乘积，如图 2-3 所示。公式为：$M_A = AQ$。

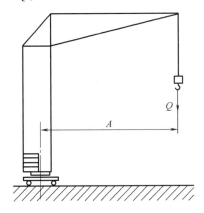

图 2-3　起重倾覆力矩示意图

五、轨距（K）

轨距也称为轮距，如图2-4所示，一般用 K 表示，按照下列情况定义：

（1）起重机轨距　对于臂架型起重机，指钢轨轨道中心线或起重机运行车轮踏面中心线之间的水平距离。

（2）小车轨距　起重小车运行线路钢轨轨道中心线之间的距离。

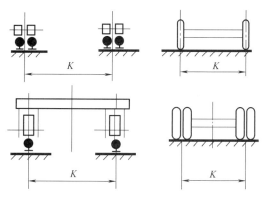

图2-4　轨距

六、跨度（S）

桥架型起重机运行轨道中心线之间的水平距离称为跨度，用 S 表示，单位为米（m），如图2-5和图2-6所示。桥式起重机的跨度根据厂房的跨度确定。跨度系列中，一般每3m为一级。

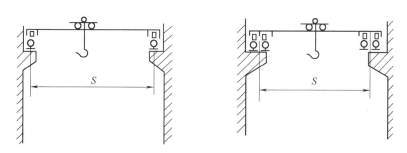

图2-5　跨度 S 示意图（1）

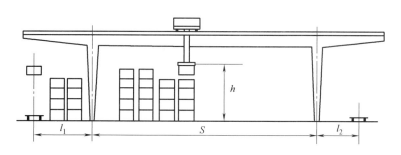

图2-6　跨度 S 示意图（2）

七、基距（B）

基距（B）是指流动式起重机或行走起重机沿平行于起重机纵向运行方向测定的起重机支承中心线之间的距离，如图 2-7 所示。基距也称为轴距。

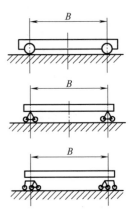

八、起升高度（H）和下降深度（h）

（1）起升高度（H）　起升高度是指起重机支承面至取物装置最高工作位置之间的垂直距离，如图 2-8 所示。

1）对于吊钩，量至其支撑面。

2）对于其他取物装置，量至其最低点（闭合状态）。

图 2-7　基距示意图

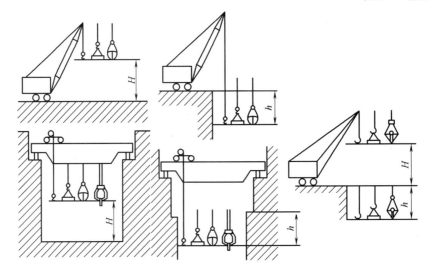

图 2-8　起升高度 H 和下降深度 h 示意图

注：对于桥式起重机，起升高度应从地平面量起，测定起升高度时，起重机应空载置于水平场地上。

（2）下降深度（h）　下降深度是指起重机支撑面至取物装置最低工作位置之间的垂直距离。

1）对于吊钩，量至其支撑面。

2）对于其他取物装置，量至其最低点（闭合状态）。

注：对于桥式起重机，下降深度应从地平面量起，当测定下降深度时，应将起重机应空载置于水平场地上。

（3）起升范围（D）　起升范围是指取物装置最高和最低工作位置之间的垂直距离，如图 2-9 所示。公式为 $D = H + h$。

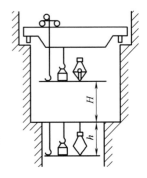

图 2-9　起升范围示意图

九、工作速度

工作速度也称为运行速度，按起重机工作机构的不同分为多种，部分如图 2-10 所示。

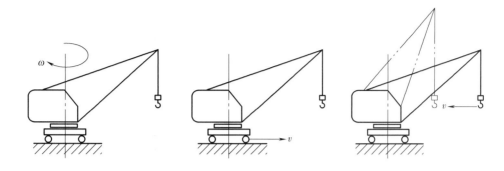

图 2-10　回转速度（左）、运行速度（中）、变幅速度（右）示意图

（1）起升（下降）速度　起升（下降）速度是指稳定运动状态下，额定载荷的垂直位移速度。

（2）回转速度　回转速度是指稳定运动状态下，起重机转动部分的回转角速度。

注：在 10m 高处风速不超过 3m/s 的条件下，起重机置于水平场地上，带工作载荷、幅度最大时进行测定。

（3）运行速度　在稳定运动状态下，起重机的水平位移速度。

注：在 10m 高处风速不超过 3m/s 的条件下，起重机带工作载荷沿水平路径运行时进行测定。

（4）小车运行速度　小车运行速度是指在稳定状态下，小车左右横移时的速度。

注：在 10m 高处风速不超过 3m/s 的条件下，小车带工作载荷沿水平轨道横移时进行测定。

（5）变幅速度　变幅速度是指在稳定状态下，工作载荷水平位移的平均速度。

注：在 10m 高处风速不超过 3m/s 的条件下，起重机置于水平道路上，将幅度最大值变成最小值进行测定。

十、起重特性曲线

起重特性曲线，如图 2-11 所示，是表示臂架型起重机作业性能的曲线，它由起重量曲线和起升高度曲线组成。

（1）起重量曲线　是表示起重量随幅度改变的曲线。规定直角坐标系的横坐标为幅度，纵坐标为额定起重量。

（2）起升高度曲线　是表示最大起升高度随幅度改变的曲线。规定直角坐标系的横坐标为幅度，纵坐标为起升高度。

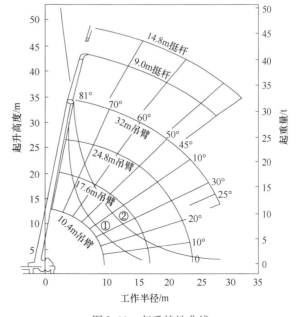

图 2-11　起重特性曲线

十一、起重机工作级别

起重机工作级别反映了起重机起重量、时间的使用程度及工作循环次数情况下起重机的特性。

起重机工作级别是按起重机使用等级（整个设计寿命周期内总的工作循环次数）和载荷状态划分的。

1. 起重机使用等级

起重机使用等级表征起重机在整个设计寿命期间的使用频繁程度，按设计寿命期内总的工作循环次数 N 分为十级，即 U0 ~ U9，见表 2-1。

表 2-1 起重机的使用等级

使 用 等 级	总的工作循环次数 N/次	附　注
U0	1.6×10^4	
U1	2.2×10^4	
U2	3.3×10^4	不经常使用
U3	1.25×10^5	
U4	2.5×10^5	经常轻闲地使用
U5	5×10^5	经常中等地使用
U6	1×10^6	不经常繁忙地使用
U7	2×10^6	
U8	4×10^6	繁忙地使用
U9	$>4 \times 10^6$	

2. 载荷状态

载荷状态表明起重机受载的轻重程度。起重机载荷状态按名义载荷谱系数分为轻、中、重和特重四级，见表 2-2。

表 2-2 起重机的载荷状态

载 荷 状 态	名义载荷谱系数（Kp）	说　明
Q1-轻	$Kp \leqslant 0.125$	很少起升额定载荷，一般起升轻微载荷
Q2-中	$0.125 < Kp \leqslant 0.25$	有时起升额定载荷，一般起升中等载荷
Q3-重	$0.25 < Kp \leqslant 0.5$	经常起升额定载荷，一般起升较重载荷
Q4-特重	$0.5 < Kp \leqslant 1.0$	频繁起升额定载荷

起重机的工作级别用符号 A 表示，其工作级别分为 8 级，即 A1 ~ A8 级，见表 2-3。

表 2-3　起重机的工作级别

载荷状态	起重机的使用等级									
	U0	U1	U2	U3	U4	U5	U6	U7	U8	U9
Q1	A1	A1	A1	A2	A3	A4	A5	A6	A7	A8
Q2	A1	A1	A2	A3	A4	A5	A6	A7	A8	A8
Q3	A1	A2	A3	A4	A5	A6	A7	A8	A8	A8
Q4	A2	A3	A4	A5	A6	A7	A8	A8	A8	A8

注：起重机的工作级别与起重机的起重量是两个不同的概念，二者不能混为一谈。起重量大，工作级别未必高；起重量小，工作级别未必低。即使起重量相同的两台同类型的起重机，只要工作级别不同，零部件和结构件的设计考虑的因素不同，其型号、尺寸、规格也不相同。

第二节　起重机械的主要零部件

大多数起重机械的结构较为复杂，其主要零部件有取物装置、滑轮、卷筒、车轮和轨道制动器、减速器、联轴器、电动机、高强度螺栓等。这些零部件加上驱动装置通过组合、装配并与金属结构相结合，组成起重机的各功能机构，如起升机构、运行机构、回转机构及变幅机构等。

一、取物装置

取物装置是指用于抓取、夹持或搬运重物的装置，如：吊钩、抓斗和起重电磁铁等都属于取物装置。

（一）吊钩

吊钩是起重机械中最常见，也是应用最广泛的一种吊具。由于它作为取物装置受力较大，因此要求其材料具有较高的强度、塑性和韧性，以减少吊钩突然断裂的危险。

目前，吊钩广泛采用低碳钢和低合金钢制造；GB 6067.1—2010《起重机械安全规程　第 1 部分：总则》规定起重机械不应使用铸造吊钩，应使用锻造吊钩或片状吊钩。当使用条件或操作方法会导致重物意外脱钩时，应采用防脱绳带闭锁装置的吊钩；当吊钩起升过程中有被其他物品钩住的危险时，应采用安全吊钩或采取其他有效措施。

1. 吊钩的分类和构造

吊钩根据形状的不同可分为单钩和双钩两种，如图 2-12 所示。

单钩的制造与使用比较方便，一般用于起吊重量较小的物件；双钩的受力均匀、自重轻，可用于起吊重量较大的物件；铸造起重机的片式吊钩需要与浇铸桶配合使用，即使重量很大仍采用单钩。

按照制造方法不同，吊钩可分为锻造吊钩及片状吊钩，如图 2-13 所示。

锻造吊钩在起重机中应用广泛，锻造吊钩的力学性能、起重量、应力及材料应符合 GB/T 10051.1—2010《起重吊钩　第 1 部分：力学性能、起重量、应力及材料》的规定，锻造吊钩缺陷不得补焊，锻造吊钩的标志应永久、清晰。标志的内容应符合 GB/T 10051.2—2010《起

重吊钩　第 2 部分：锻造吊钩技术条件》的规定；片式吊钩一般用于大吨位或吊运熔融金属的场合，由厚度不小于 20mm 的 Q235B 或 Q355B 钢板按切割成吊钩的形状并通过铆钉进行连接，一般由 3~5 片组成，不会因突然断裂而破坏，且便于维修和更换，比锻造吊钩有较大的安全性。片状吊钩缺陷时不得补焊。

图 2-12　吊钩

图 2-13　锻造吊钩及片状吊钩

吊钩钩身截面形状可分为梯形、矩形（方形）、圆形和 T 字形。

其中梯形截面受力较合理，锻造容易；矩形（方形）截面只适用于片状吊钩，圆形截面只用于简单的小型吊钩。

锻造吊钩的尾部常用三角形螺纹，其应力集中严重，容易在裂纹处断裂。因此，大型吊钩尾部多采用梯形螺纹或锯齿形螺纹。

2. 吊钩的危险断面

如图 2-14 所示，在吊钩的所有截面中，一般情况下，A—A 截面承受拉力和弯矩最大，有拉直和向外弯曲的趋势；B—B 截面承受最大的剪切应力，有剪断的危险；C—C 截面应力集中严重，受力截面较小，易产生脆断；所以将 A—A 截面、B—B 截面、C—C 截面称为吊钩的三个危险断面。吊钩的危险情况如图 2-15 所示。

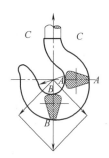

图 2-14　吊钩的危险断面

图 2-15　吊钩的危险情况

3. 吊钩的报废标准

（1）锻造吊钩出现下列情况之一时应予报废或更换：

1）吊钩表面产生裂纹。

2）危险断面磨损达原尺寸的 10%。

3）开口度比原尺寸增加 10%。

4）钩身扭转角度超过 10°。

5）钩柄产生塑性变形。

6）吊钩挂绳处磨损量超过原尺寸的 5%。

7）对吊钩缺陷采用了补焊。

8）钩柄直径腐蚀量超过原尺寸的 5%。

9）钩柄螺纹存在腐蚀。

（2）片状吊钩出现下列情况之一时，应报废或者更换：

1）吊钩表面产生裂纹。

2）每一钩片侧向变形的弯曲半径小于板厚的 10 倍。

3）危险断面的总磨损量达到名义尺寸的 5%。

4. 吊钩的安全检查

在用起重机的吊钩应根据工作级别、使用环境定期进行检查，并进行清洗与润滑。环境比较恶劣、工作级别较高的吊钩应缩短检查周期。

吊钩常见的检查方法：先用煤油清洗吊钩钩体，然后再用 20 倍放大镜检查。主要检查钩体是否有可见裂纹，对板钩的衬套、销轴、轴孔等检查其磨损的情况，检查各紧固件是否松动；尤其对危险断面要仔细检查。工作级别较高或在重要工况环境中使用的起重机吊钩，还应采用无损探伤法检查吊钩内、外部是否存在缺陷。

（二）抓斗

抓斗是一种由机械或电动控制的自行取物装置，一般属于不可分吊具。

1. 抓斗的分类

抓斗按照驱动方式不同可分为机械抓斗、电动抓斗和电动液压抓斗，最常见的是机械抓斗，如图 2-16 所示。抓斗按照斗体结构形式不同可分为双瓣抓斗和多瓣抓斗，双瓣抓斗如图 2-16a 所示，多瓣抓斗如图 2-16b 所示；抓斗按照抓取物料的松密度分为特轻型、轻型、中型、重型及特重型；抓斗按照用途分为矿石抓斗、垃圾抓斗、木材抓斗和煤抓斗等。

a) 双瓣抓斗　　　　　　　　　　　　　　b) 多瓣抓斗

图 2-16　抓斗

2. 抓斗的安全使用要求

1）抓斗的升降应保持平衡，防止因碰撞而造成转动。当电动抓斗直接挂入起重机承载吊钩使用时应设置防止吊钩转动的装置。

2）设有开闭绳的抓斗，应正确操纵开闭和起升机构，在抓斗闭合的同时起动起升机构，使支承绳、开闭绳同时承受载荷，抓斗在卸载前，支承绳不应比开闭绳松弛，以防冲击断绳。

3）回转、摇动部件和开闭机构动作应灵活可靠，应有斗体极限位置的限位措施。

4）抓斗在接近车箱底或船舱底面时，支承绳不应过松，以防抓坏车底或舱底。

5）抓斗的抓满率不应小于90%，抓满物料的抓斗，不应悬吊10min以上，以防开斗伤人。

6）使用钢丝绳开闭的抓斗，应有减少钢丝绳磨损的保护措施。

7）当作业要求抓斗起吊后不得转动时，宜采用4绳型抓斗，或在2绳型抓斗上设置稳升器。

8）抓取干粉料的抓斗，应有防漏措施，斗体上应安装防风板。

9）双瓣抓斗斗体闭合后，两刃口接触面允许间隙不应大于2mm；两斗体刃口侧壁允许错位不应大于4mm。

（三）起重电磁铁

起重电磁铁，是用来吊运具有导磁性的钢铁材料及其制品的吊具，一般属于不可分吊具，有时属于可分吊具。

1. 起重电磁铁的分类

起重电磁铁根据吸运物体的温度分为常温电磁铁（吸运温度小于150℃的磁性物料）、高温电磁铁（吸运温度在150～650℃的磁性物料）及特高温起重电磁铁（吸运温度在650～700℃的磁性物料）。

当起重电磁铁降落在被吊运的钢铁材料制品上时，电磁铁的磁通由电磁铁的外壳通过物品而闭合，产生电磁吸引力，并一直保持到断电为止。为保证安全，起重电磁铁的线路都有延时性能。对于高温物品，如温度400～600℃的热轧制品，起重电磁铁成为唯一的取物装置，如图2-17所示。

图2-17　起重电磁铁

2. 起重电磁铁的使用安全技术要求

1）起重电磁铁应按常规操作做吸料起重试验5次，5次均没有跌落现象判为合格；应按常规操作做拉脱力试验5次，5次平均值为电磁铁该位置点的拉脱力值。

2）吸运高温钢材时，钢材的传热使起重电磁铁温度上升，造成吸力下降，而且钢材本身的磁性恶化，使吸力降低。当温度达730℃时，钢材完全失去磁性，不允许使用起重机电磁铁作为取物装置进行吊运。吊运高温钢材的电磁铁，对励磁线圈应有防热传导、热辐射的保护措施。

3）吸运废钢时，应尽量使电磁铁在废钢上放平，并注意竖着或突出电磁铁的废钢随时有可能落下的危险。吸运生锈的钢材或夹层钢板会降低吸力，属于危险作业。

4）弯曲严重或参差不齐的钢材，以及吸附面上有氧化皮、砂土或有夹层的钢材，不可用起重电磁铁起吊。

5）起吊钢材时，吸着面或板间不能有异物或间隙。

6）电磁铁链条应选用M（4）级短环链，安全系数不得小于6。电磁铁其他承载结构的承载能力，应不小于电磁铁承受最大载荷的4倍。

7）对带电磁铁的起重机，起重电磁铁的电源在交流侧的接线，应保证在起重机内部出现各种事故断电（起重机集电器不断电）时，起重电磁铁供电不切断，吸持物不脱落。

8）起重电磁铁控制开关上，应有"吸附""释放"等字样。

9）对带电磁铁的起重机，如果工作时因失电导致物品坠落可能造成危害时，起重机断电状态下电磁铁的保磁时间不应小于15min。

10）应有防止供电电缆绞缠、磨损的卷取装置。

11）电磁铁壳体、封盖不得有裂纹，密封应可靠，不得使励磁铁圈受到含水、氧化性气体的腐蚀。

12）起重电磁铁接触吊重后方可通电；作业时2m以内不得有人、车辆，或按使用说明书规定的安全要求进行作业。

13）接通电源的起重电磁铁，待电流完全升高后才可起升，起升离地后，应短时静止暂停，在确认吊重与电磁铁之间无间隙、无异物、吊重已可靠吸牢时，方可继续起升吊运。

二、滑轮

滑轮的主要作用是改变钢丝绳的运动方向和省力，常用作均衡滑轮，以均衡钢丝绳的张力。滑轮通常支承在固定的心轴上，大多数采用滚动轴承，低速滑轮或均衡滑轮也可用滑动轴承。

1. 滑轮的种类和构造

滑轮根据其轴线是否运动，可分为动滑轮和定滑轮，图2-18所示为定滑轮。按滑轮的制造工艺，可分为轧制滑轮、铸造滑轮、焊接滑轮及双幅板压制滑轮。根据采用轴承型式，可分为深沟球轴承型、圆柱滚子轴承型、双列满装圆柱滚子轴承型和滑动轴承型等。铸造滑轮如图2-19所示。

图2-18　定滑轮

图2-19　铸造滑轮

钢丝绳绕过定滑轮和动滑轮，即构成滑轮组。按其作用不同，可分为省力滑轮组和增速滑轮组。起重机上常用省力滑轮组，通过较小的驱动力，起升较大的载荷。

按照滑轮组的结构分类，有单联滑轮组和双联滑轮组。臂架起重机采用单联滑轮组，桥架型起重机多采用双联滑轮组。单联滑轮组的倍率等于滑轮组中支持吊重的钢丝绳的分支数；双联滑轮的倍率等于支持吊重的钢丝绳分支数的1/2。

2. 滑轮的安全技术要求

滑轮槽应光洁平整，不得有损伤钢丝绳的缺陷。滑轮应有防止钢丝绳跳出轮槽的装置。人手可触及的滑轮组，应设置滑轮罩壳。对可能摔落到地面的滑轮组，其滑轮罩壳应有足够的强度和刚性。钢丝绳绕进绕出滑轮槽时允许偏角（即钢丝绳中心线与滑轮轴垂直的平面之间的角度）不应大于5°。

3. 滑轮的报废标准

1）滑轮表面出现裂纹。

2）轮缘破损，轮槽不均匀磨损达到3mm。

3）焊接滑轮、铸造滑轮和轧制滑轮的磨损量超过轮缘板厚的20%，因磨损使轮槽底部直径减少量达钢丝绳直径的50%。

4）双幅板压制滑轮轮衬的磨损量超过原厚度的50%。

5）其他影响使用及损害钢丝绳的缺陷。

三、卷筒

卷筒是用来卷绕钢丝绳的部件，是在起升机构或牵引机构中用来卷绕钢丝绳，传递动力，并把电动机的旋转运动变为重物或者小车的直线运动，实现重物升降或者小车变幅的功能，如图2-20、图2-21所示。

1. 卷筒的结构形式

起重机上常用的卷筒多为圆柱形，卷筒两端多以幅板支撑，幅板中央有孔，中间有轴。

按卷筒轴的尺寸和数量分为长轴卷筒和短轴卷筒。长轴卷筒是指卷筒中央穿过幅板有贯通长轴，短轴卷筒是指卷筒两端穿过幅板各有一根短轴，目前，起重机多用长轴卷筒。

图2-20 卷筒（1）   图2-21 卷筒（2）

按制造方式不同，卷筒可分为铸造卷筒和焊接卷筒。铸造卷筒一般采用不低于HT200的铸铁制造，重要卷筒可采用球墨铸铁。大型卷筒多采用钢板弯卷成筒状焊接而成，减轻卷筒自重。

按钢丝绳在卷筒上卷绕的层数不同，可分为单层缠绕卷筒和多层缠绕卷筒。桥架型起重机多用单层缠绕卷筒；多层缠绕卷筒多用于起升高度特大或要求机构紧凑的起重机（例如流动式起重机）。

2. 卷筒上钢丝绳尾端的固定

卷筒上钢丝绳尾部的固定，通常采用压板或楔块固定。

（1）楔块固定法 常用于直径较小的钢丝绳，不需要用螺栓，如图2-22所示。

（2）长板条固定法　通过螺钉的压紧力，将带槽的长板条沿钢丝绳的轴向将绳端固定在卷筒上，如图 2-23 所示。

（3）压板固定法　方法简单，工作可靠，其缺点是所占空间较大，不能用于多层缠绕卷筒。钢丝绳绳端压板固定时的压板不少于 2 个（电动葫芦不少于 3 个），如图 2-24 所示。

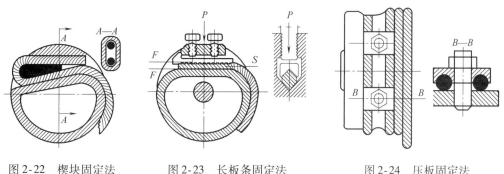

图 2-22　楔块固定法　　　图 2-23　长板条固定法　　　图 2-24　压板固定法

3. 卷筒的安全检查

1）卷筒上钢丝绳绳端的固定装置，应当具有防松或者自紧性能，应定期检查是否满足要求。如果钢丝绳尾端用压板固定，固定强度不应低于钢丝绳最小破断拉力的 80%，且至少应有两个相互分开的压板夹紧，并用螺栓将压板可靠固定，如图 2-25 所示。

2）多层缠绕的卷筒，应有防止钢丝绳从卷筒端部滑落的凸缘。当钢丝绳全部缠绕在卷筒后，凸缘应超出最外面一层钢丝绳的高度不应小于钢丝绳直径的 1.5 倍（对塔式起重机是钢丝绳直径的 2 倍）。

3）单层缠绕卷筒应加工出绳槽，多层缠绕的卷筒应采用排绳装置或自动转层缠绕的凸缘导板结构等措施保证钢丝绳在卷筒上整齐排列，如图 2-26 所示。

4）钢丝绳放至最低工作位置时，卷筒上的余留部分除固定绳尾的圈数，至少保留 2 圈钢丝绳作为安全圈（塔式起重机、门座式起重机、流动式起重机和简易升降机不少于 3 圈）。

图 2-25　端部固定

图 2-26　卷筒上的排列

4. 卷筒的报废标准

1）卷筒表面出现影响性能的缺陷（如裂纹等）。

2）筒壁磨损达到原壁厚的 20%。

四、车轮和轨道

车轮是起重机大车和小车运行机构的一个组成部件，按其轮缘的形状分为单轮缘、双轮缘和无轮缘车轮，如图 2-27 所示。一般来说，起重机大车运行多采用双轮缘车轮，小车运行机构多采用单轮缘车轮。无轮缘车轮一般需要与导向轮配合使用，为车轮导向和定位。

a) 单轮缘   b) 双轮缘   c) 无轮缘

图 2-27 车轮

车轮踏面是指车轮与轨道接触的滚动面，分为圆柱形、圆锥形和鼓形。桥门式起重机大小车运行多采用圆柱形踏面的车轮，如图 2-28 所示。电动葫芦运行机构一般采用圆锥形踏面的车轮，圆锥形踏面车轮具有自动调节两侧车轮速度的功能，保证两侧车轮运行速度的同步性。

轨道用来承受起重机车轮传来的集中压力，并引导车轮运行，起重机一般选用标准的型钢和钢轨，如图 2-29 所示。

起重机车轮与轨道的硬度应该相匹配，车轮同一点的磨损次数比轨道同一点的磨损次数多的多，同等条件下，车轮比轨道磨损快得多，但考虑车轮容易更换而轨道不易更换，所以要求车轮和轨道的硬度相当。

中小型起重机的小车轨道常采用 P 型铁路钢轨或方钢。大型起重机的大车、小车轨道可采用 P 型铁路钢轨和 QU 型起重机专用轨。

图 2-28 车轮踏面   图 2-29 轨道

1. 车轮的安全检查

1）车轮的表面不应有目测可见的裂纹。

2）车轮踏面和轮缘内侧面上的缺陷不允许焊补。

3）相匹配的车轮直径差不应超过制造允许偏差。

4）轴承不应发生异常声响、振动等；温升不应超过规定值；润滑状态应良好。

2. 车轮的报废标准

1）车轮有影响性能的表面裂纹等缺陷。

2）轮缘厚度磨损达到原厚度的 50%。

3）轮缘厚度弯曲变形达到原厚度的 20%。

4）踏面厚度磨损达到原厚度的 15%。

5）运行速度低于或者等于 50m/min 时，车轮圆度误差达到 1mm；运行速度高于 50m/min 时，车轮圆度误差达到 0.5mm。

五、制动器

制动器俗称刹车、闸，是保证起重机安全工作的重要部件。制动器一般分为工作制动器（又叫作支持制动器）和安全制动器，工作制动器布置在传动机构的高速轴侧；安全制动器设置在传动机构的低速轴侧，并应用在某些特殊的场合，如单系统的铸造起重机的起升机构、岸边集装箱起重机的变幅机构及桥式抓斗卸船机的变幅机构等场合。

1. 制动器的作用

制动器具备阻止吊物件下落、实现停车等功能，只有完好的制动器才能保证起重机运行的准确性和生产安全。其一般有以下作用：

（1）支持作用 使原来静止的物体保持静止状态，在起升机构中，防止悬吊的物品下落。

（2）停止作用 消耗运动部分的动能，使机构在一定时间或一定行程内迅速停止运动，实现各个机构在运动状态下的制动。

（3）定位作用 当起升或者运行机构运行到预定位置时，电动机的电气系统完成电气制动，起重机的起升或者运行机构停止，制动器同时抱闸使起重机停止在预定位置。

2. 制动器的分类

（1）根据操作情况分类 根据操作情况分为常闭式、常开式和综合式。起重机上多数采用常闭式制动器。常闭式制动器是靠弹簧或重力或其他外力使其保持合闸状态；常开式制动器则是处于长期松闸状态，只有施加外力时，才能使其合闸。

（2）根据制动器的构造分类 根据制动器的构造分为块式制动器、带式制动器、盘式制动器和圆锥制动器，如图 2-30 所示。

块式制动器　　　带式制动器　　　盘式制动器　　　圆锥制动器

图 2-30　制动器的分类

1）块式制动器。块式制动器构造简单，制造、安装、调整都很方便，在起重机上应用最为广泛。块式制动器分为短行程电磁块式制动器、长行程电磁块式制动器和电力液压块式制动器三大类。制动器位置和块式制动器如图 2-31 和图 2-32 所示。

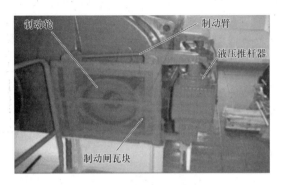

图 2-31　制动器位置　　　　　　　　　　图 2-32　块式制动器

① 短行程电磁块式制动器：它的优点是结构简单、重量轻、制动快；它的缺点是冲击和噪声大、寿命短、制动力矩小、有剩磁现象，不适用于起升机构。

② 长行程电磁块式制动器：它的优点是行程大，可以获得较大的制动力矩，制动快，比较安全；它的缺点是冲击和噪声较大、寿命短、机构复杂、占据空间较大、制动效率低，只适用于起升机构。

③ 电力液压块式制动器：它的结构与长行程电磁块式制动器基本相同，有液压电磁铁（YWZ 型）和液压推杆（YDWZ）两种。YWZ 型制动器制动平稳、无噪声、体积小、重量轻，适用于运行机构；其缺点是制动较慢，不适合快速制动场合。YDWZ 型制动器各种性能均较好，而且不需要经常调整，但需直流电源，成本较高。

2）盘式制动器。盘式制动器制动力矩大，外形尺寸小，摩擦面积大，磨损小，广泛应用于港口大中型起重机和铸造起重机上。盘式制动器由摩擦副、施力装置和松闸装置组成，摩擦副由制动盘和摩擦盘组成，施力装置通常采用特制碟形弹簧。这类制动器主要用于制动起升、运行或者变幅机构的低速轴，主要作为安全制动器来使用，如图 2-33 所示。

图 2-33　盘式制动器

3）带式制动器：在外形尺寸受限制、制动力矩要求很大的场合，可考虑选用带式制动器，流动式起重机上多采用这种制动装置。

4）圆锥制动器：这种制动器结构简单轻巧，制作装配调整方便，制动环与制动轮为锥形，广泛应用于锥形电动机的内部，电动机自带制动功能，节省成本和装配空间。其缺点是制动散热效果较差，制动力矩有限，不能用于大功率电动机中。

3. 制动器的设置

起重机起升、变幅、运行和回转机构都应装可靠的制动装置（液压缸驱动的除外）；当机构要求具有载荷支持作用时，应装设机械常闭式制动器。机械常闭式制动器的制动弹簧应是压缩式的，制动器应可调整，制动衬片应能方便更换。

对于吊钩起重机，起吊物在下降最低档稳定运行时，制动时的制动下滑量不应大于1min内稳定起升距离的1/65。

吊运熔融金属的起升机构（电动葫芦除外），其每套驱动系统必须设置两套独立的工作制动器。

采用电动葫芦作为起升机构吊运熔融金属的起重机，其制动器的设置应当符合以下要求：

1）当额定起重量大于5t时，电动葫芦除设置一个工作制动器外，还必须设置一个安全制动器，安全制动器设置在电动葫芦的低速级上，当工作制动器失灵或传动部件破断时，能够可靠地支持住额定载荷。

2）当额定起重量小于或者等于5t时，电动葫芦除设置工作制动器外，也应该在低速级上设置安全制动器，否则电动葫芦应当按1.5倍额定起重量设计，或者使用单位选用的起重机的额定起重量是最大起重量的1.5倍，并且用起重量标志明确允许的最大起重量。

4. 对制动器的要求

1）制动器的零部件不得有裂纹、过度磨损、塑性变形和缺件等缺陷。

2）制动器打开时，制动轮与摩擦片不得有摩擦现象，制动器闭合时，制动轮与摩擦片接触均匀，不能有影响制动性能的缺陷和油污。

3）制动器调整应适宜，制动要平稳可靠。

4）制动轮不得有裂纹（不包括制动轮表面淬硬层微裂纹），凹凸不平度不得大于1.5mm，不得有摩擦垫片固定铆钉引起的划痕。

5）液压制动器保持无漏油现象，制动器的推动器保持无漏油状态。

5. 制动器的更换

制动器的零件出现下述情况之一时应予以更换。

（1）制动弹簧

1）制动弹簧出现塑性变形且变形量达到了弹簧工作变形量的10%以上。

2）制动弹簧表面出现20%以上的锈蚀或有裂纹等缺陷的明显损伤。

（2）制动衬垫

1）铆接或组装式制动衬垫的磨损量达到衬垫原始厚度的50%。

2）带钢背的卡装式制动衬垫的磨损量达到衬垫原始厚度的2/3。

6. 制动器的报废

制动轮出现下述情况之一时，应报废。

1）制动轮表面出现影响性能的裂纹等缺陷。

2）起升、变幅机构的制动轮，制动面厚度磨损达原厚度的40%。

3）其他机构的制动轮，制动面厚度磨损达原厚度的50%。

4）轮面凹凸不平度达1.5mm时，如能修理，修复后制动面厚度应符合要求。

六、减速器

起重机用减速器常采用封闭式的标准两级或三级圆柱齿轮减速器，把电动机的高转速降低到各机构所需要的工作转速，并把电动机输出的转矩放大，便于起重机提升重物或者运行。常用减速器的类型包括：立式减速器 ZSC、卧式减速器 ZQ、硬齿面减速器 QJ 及三合一减速器 QS，如图 2-34 所示。减速器内部架构如图 2-35 所示。

a) 立式减速器 ZSC   b) 卧式减速器 ZQ   c) 硬齿面减速器 QJ   d) 三合一减速器 QS

图 2-34 常用减速器的类型

图 2-35 减速器内部架构

减速器在使用过程中常见的故障如下：

1）连续的噪声：主要是齿顶与齿根相互挤磨所致，将齿顶尖角磨平即可解决。

2）不均匀的噪声：主要是斜齿轮副的螺旋角不一致或轴线不平行所致，应更换不合格的零件。

3）断续而清脆的撞击声：主要是啮合面存有异物或有凸起的疤痕所致，清除异物或铲除疤痕后即可解决。

4）发热：轴承损坏，润滑不良或装配不当。

5）振动：减速器连接的部件有松动，底座或支架的刚度不够时，会产生振动现象。

6）漏油：减速器箱的开合面不平，闷盖与箱体连续接触，当密封破坏后会出现漏油现象。

注：检查油位；减速器运转平稳，不应有跳动、撞击和剧烈或断续的噪声，声音均匀；在紧固处和连接处不得松动。

七、联轴器

　　联轴器是轴与轴之间的连接件，是用来连接两根同轴线布置或基本平行的转轴，传递转矩同时补偿角度和径向偏移，以完成载荷升降、小车运行和起重机运行等工作，如图 2-36 所示。常用的有齿式联轴器、弹性柱销联轴器及万向联轴器等。起重机常用的是齿式联轴器。

　　齿式联轴器按应用场合不同，常用有 CL 型齿式联轴器、CLZ 型齿式联轴器。当两传动轴端较近时，用 CL 型齿式联轴器；当被连接两轴距离较远时，用 CLZ 型齿式联轴器。

　　梅花带制动轮联轴器如图 2-37 所示。

图 2-36　联轴器

图 2-37　梅花带制动轮联轴器

八、电动机

　　起重机电动机需要频繁起动及制动，采用短时工作制。常用电动机有 YZR、YZP、YSE 及 ZD 系列三相异步电动机。YZR 为起重机及冶金用绕线转子三相异步电动机，YZP 为起重及冶用变频调速三相异步电动机，YSE 为软起动锥形转子制动三相异步电动机，ZD 为电动葫芦用锥形转子制动三相异步电动机。电动机及铭牌如图 2-38 所示。

图 2-38　电动机及铭牌

1. 起重机电动机的特点

1) 做成封闭式，提高防尘防水等级，以适应多尘场所。

2) 电动机零部件有较高的的机械结构和可靠性，以适应经常、显著的机械振动和冲击。

3) 合理地选择绝缘材料的耐热等级，一般起重机电动机的耐热等级为 F 级，冶金系列起重机的耐热等级为 H 级。

2. 电动机的选型要求

1) 吊运熔融金属的起重机（不含起升机构为电动葫芦的），应当采用冶金起重专用电动机，在环境温度超过 40℃的场合，应当选用 H 级绝缘电动机。

2) 吊运熔融金属的起重机，起升机构应当具有正反向接触器故障保护功能，防止电动机失电而制动器仍然通电，导致电动机失速造成重物坠落。

3) 在具有爆炸性气体、蒸汽与空气混合物或其他爆炸性危险场所，应采用防爆型电动机。

3. 电动机外壳防护等级

1) 室内使用时，在正常条件下，防护等级不应低于 IP23；多尘环境下，防护等级不应低于 IP44。

2) 室外使用时，防护等级不应低于 IP54，在可能出现冷凝水的情况下，应确保冷凝水出水孔畅通。

3) 电动机在有专门的外部防护措施时，可采用较低的防护等级。

九、高强度螺栓

高强度螺栓，又叫作高强度大六角头螺栓连接副，作为钢结构主要连接形式之一，广泛用于桥式起重机、门式起重机、施工升降机、塔式起重机和岸边集装箱起重机的连接场合。

1. 高强度螺栓的分类

按照传递载荷方式的不同，高强度螺栓分为摩擦型高强度螺栓、承压型高强度螺栓，如图 2-39 所示。

a) 摩擦型   b) 承压型

图 2-39　高强度螺栓

1) 摩擦型高强度螺栓是利用高强度螺栓的预拉伸，使被连接构件之间相互压紧而产生静摩擦力来传递剪力，其基本配置为 1 个螺栓、1 个螺母和 2 个平垫圈，且螺栓和螺母应同批制造，以保证转矩系数一致性；高强度螺栓连接副应按批配套进货，并附有出厂质量证明书且应在同批内配套使用。在实际安装高强度大六角头螺栓连接副的过程中，螺栓头下垫圈有倒角的一侧应朝向螺栓头。起重机常用的有 8.8 级螺栓、10.9 级螺栓及 12.9 级螺栓。

2）承压型高强度螺栓连接，是当传递的剪力超过构件接触面间的摩擦力后发生滑移，致使螺栓杆抵住孔壁，而通过摩擦与承压共同传力的连接，不适用于直接承受动载荷的结构，在起重机承载结构中一般不采用。

2. 高强度螺栓连接的安全技术要求

1）高强度螺栓连接处构件接触面应按设计要求作相应处理，应保持干燥、整洁，接触面不应涂漆。

2）高强度螺栓应按起重机械安装说明书的要求，用扭力扳手或专用工具拧紧。连接副的施拧顺序和初拧、复拧扭矩应符合设计要求和 JGJ 82—2011《钢结构高强度螺栓连接技术规程》的规定。

3）高强度螺栓应有拧紧施工记录。

第三节　起重机械钢丝绳

钢丝绳是起重机械的重要零件之一，它具有强度高、挠性好、自重轻、运行平稳、能承受冲击载荷和极少突然断裂等优点，广泛用于起重机的起升机构、变幅机构、牵引机构及回转机构。钢丝绳还用作捆绑物体的司索绳、桅杆起重机的张紧绳、缆索式起重机和架空索道的承载索等。但起重机械钢丝绳使用过程中易磨损、易腐蚀，如果选择、维护保养和使用不当容易发生断裂，造成伤亡事故或重大险情。因此，正确掌握使用钢丝绳的方法是十分重要的。

一、钢丝绳的结构

钢丝绳由一定数量的钢丝和绳芯经过捻制而成。首先将钢丝捻成股，然后将若干股围绕着绳芯制成绳（见图 2-40）。钢丝是钢丝绳的基本强度单元，钢丝一般为光面，为了防止腐蚀，一般将钢丝表面镀锌。绳芯是被绳股所缠绕的挠性芯棒，起到支撑和固定绳股的作用，并可以储存润滑油，增加钢丝绳的挠性，钢丝绳芯还能起到增加钢丝绳强度的作用。根据适用的场合不同，绳芯分为金属芯、有机芯和石棉芯，其中金属芯适用于高温或多层缠绕的场合，如冶金起重机使用的钢丝绳。

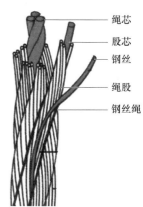

图 2-40　钢丝绳

二、钢丝绳的分类

1. 根据钢丝绳捻绕的次数分类

（1）单绕绳　由若干断面相同或不同的钢丝一次捻制而成，挠性差，易松散，不宜用作起重绳。

（2）双绕绳　先由钢丝绕成股，再由股绕成绳，挠性好，制造简单，起重机上广泛采用。

2. 根据股中相邻两层钢丝的接触状态分类

（1）点接触钢丝绳　绳股中各层钢丝直径相同，每层钢丝的螺旋升角近似相等。这种钢丝绳在反复弯曲时钢丝容易磨损折断，其接触形式如图2-41a所示。

（2）线接触钢丝绳　这种钢丝绳股中的钢丝直径不同，外层钢丝位于内层钢丝的沟槽中，内外钢丝的接触形成一条螺旋线。线接触钢丝间接触应力小、磨损小、钢丝绳寿命长，钢丝之间相互滑动容易，改善了钢丝绳挠性，在起重机中得到广泛的应用，其接触形式如图2-41b所示。

这种钢丝绳按绳股断面的结构还可分为三种：

1）外粗型，又称为西鲁式钢丝绳（X型）。绳股中同一层钢丝的直径相同，不同层钢丝的直径不同，内层细，外层粗，钢丝绳耐磨，挠性稍差，如图2-42a所示。

2）粗细型，又称为瓦林吞型（W型）。绳股外层采用粗、细两种钢丝，粗钢丝位于内层钢丝的沟槽中，细钢丝位于粗钢丝之间。这种钢丝绳断面填充率高，挠性好，承载能力大，是起重机常用的钢丝绳，如图2-42b所示。

3）密集型，又称为填充型（T型）。在绳股中外层钢丝形成的沟槽中，填充细钢丝，断面填充率更高，承载能力大，挠性好，如图2-42c所示。

（3）面接触钢丝绳　面接触钢丝绳在捻绕后，相邻钢丝形成接触面。钢丝首先制成异形截面，制造工艺复杂，在起重机上较少采用，其接触形式如图2-41c所示。

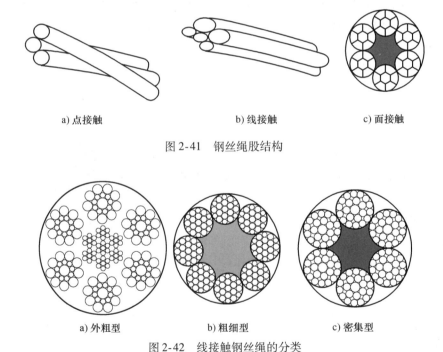

a) 点接触　　　　b) 线接触　　　　c) 面接触

图2-41　钢丝绳股结构

a) 外粗型　　　　b) 粗细型　　　　c) 密集型

图2-42　线接触钢丝绳的分类

3. 根据钢丝绳捻绕的方式分类

（1）顺绕绳　由钢丝绕成股和由股绕成绳的绕向相同，有强烈扭转的趋势，容易自行松散、打结，不宜用作起重绳。

（2）交绕绳　由钢丝捻成股的捻制螺旋方向与由股捻成绳的方向相反。外观上钢丝基本顺着绳的轴线方向。这种钢丝绳股与绳的扭转趋势互相抵消，起吊重物时不易扭转和松散，因而被广泛用作起重绳。

（3）混绕绳　这种钢丝绳是由两种相反绕向的股捻制而成的，制造工艺复杂，很少采用。

4. 根据钢丝绳的绕向分

（1）右捻绳　钢丝绳立起来观看，绳股的捻制螺旋方向，从左下侧向右上方捻制，这种钢丝绳通常称为"右捻绳"，通常用"Z"表示，如图 2-43a、图 2-43d 所示。

（2）左捻绳　钢丝绳从右下侧向左上方捻制的称为"左捻绳"，通常用"S"表示，如图 2-43b、图 2-43c 所示。

a) 右同向捻 ZZ　　　b) 左同向捻 SS　　　c) 左交互捻 SZ　　　d) 右交互捻 ZS

图 2-43　钢丝绳的绕向

5. 根据钢丝绳中股的数目分

钢丝绳有 4 股绳、6 股绳、8 股绳及 18 股绳等。外层股的数目越多，钢丝绳与滑轮、卷筒槽接触的情况越好，钢丝绳的寿命越长。目前，起重机基本采用 6 股钢丝绳。

三、钢丝绳的选择和使用

钢丝绳在载荷作用下主要承受拉伸应力、弯曲应力及挤压应力等，其工作过程中受力较复杂。当钢丝绳绕过滑轮时，在交变应力作用下使金属材料产生疲劳，在钢丝绳钢丝间摩擦力、钢丝绳与绳槽摩擦力作用下使钢丝磨损而破断，最终使钢丝绳整体失效而产生重物坠落的危险。因此，正确选择和使用钢丝绳是防止钢丝绳失效的重要措施。

1. 正确选择钢丝绳

1）绕经滑轮和卷筒的起升和运行机构钢丝绳应优先选用线接触钢丝绳。

2）在腐蚀环境中应选用镀锌钢丝绳。

3）纤维绳芯钢丝绳一般在单层卷绕卷筒上使用，当需要进行多层卷绕时，推荐使用钢芯钢丝绳。

4）滑轮绳槽的槽型应与钢丝绳直径正确匹配。

5）一般的，钢丝绳缠绕系统的偏斜角均不应大于 4°。

6）选用钢丝绳的强度不宜过高，一般不应超过 $1700\mathrm{N/mm^2}$。

7）吊运熔融金属的钢丝绳，应采用石棉芯或金属芯等耐高温的钢丝绳。

2. 钢丝绳使用的基本要求

1）起升机构和非平衡变幅机构不应使用接长的钢丝绳。

2）起升高度较大的起重机，宜采用不旋转、无松散倾向的钢丝绳。采用其他钢丝绳时，应有防止钢丝绳和吊具旋转的装置或措施。

3）当吊钩处于工作位置最低点时，钢丝绳在卷筒上缠绕圈数除去固定绳尾的圈数，必须不少于2圈（塔式起重机规定为3圈）。当吊钩处于工作位置最高点时，卷筒上还宜留有至少1整圈的绕绳余量。

4）钢丝绳卷扬时，应防止打结或扭曲；安装钢丝绳时，不应在不洁净的地方拖线，也不应绕在其他物体上，防止划、磨、碾压和过度弯曲。

5）钢丝绳应保持良好的润滑状态。

四、起重机钢丝绳的报废

钢丝绳的保养、维护、安装、检验和报废应符合 GB/T 5972—2016《起重机　钢丝绳　保养、维护、检验和报废》的有关规定。

五、钢丝绳端部固定连接的安全要求

1）用钢丝绳夹连接时，其安全要求见表 2-4，同时应保证连接强度不小于钢丝绳破断拉力的 85%。钢丝绳利用绳夹连接时，绳夹的压板置于连接处的长绳侧而 U 形槽置于连接处的短绳侧。其正确与错误的使用方式如图 2-44 所示。

表 2-4　钢丝绳夹连接时的安全要求

钢丝绳公称直径/mm	≤19	19~32	32~38	38~44	44~60
钢丝绳夹最少数量/组	3	4	5	6	7

注：钢丝绳夹夹座应在受力绳头一边；两个钢丝绳夹的间距不应小于钢丝绳直径的6倍。

图 2-44　绳夹正确与错误的使用方式

2）用编结法连接时，编结长度不应小于钢丝绳直径的 15 倍（塔式起重机为 20 倍），并且不得小于 300mm，连接强度不得小于钢丝绳破断拉力的 75%，具体连接方式如图 2-45 所示。

图 2-45　编结法连接

3）用楔块、楔套法连接时，楔套应用钢材制造。连接强度不得小于钢丝绳破断拉力的75%，具体连接方式如图2-46所示。

4）用锥形套浇铸法连接时，连接强度应达到钢丝绳的最小破断拉力。锥形套浇铸法是将钢丝绳尾穿过锥形套筒后拆散洗净，把钢丝头部弯成钩状，然后灌入铅合金，冷却凝固后即可，如图2-47所示。

5）用铝合金套压缩法连接时，应以可靠的工艺方法使铝合金套与钢丝绳紧密牢固地贴合，连接强度应达到钢丝绳破断拉力的90%，具体连接方式如图2-48所示。

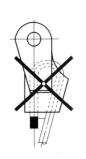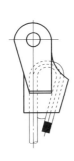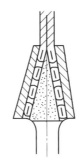

图2-46　楔块、楔套法连接　　　图2-47　锥形套浇铸法连接　　　图2-48　铝合金套压缩法连接

第四节　起重机械安全保护装置的功能与使用

起重机械安全保护装置是指防止起重机械在意外情况下损坏的装置，是保证起重机械安全运行，防止起重机械事故的必要措施，包括限制运动行程和工作位置的装置、防止起重机械超载的装置、防止起重机械倾翻和滑移的装置、联锁保护装置等。

起重机械安全保护装置有：限位器、超载限制器、力矩限制器、缓冲器、防碰撞装置、防偏斜和偏斜指示器、调整装置、夹轨器和锚定装置及其他安全防护装置。

起重机械上除常用的电气保护装置、声音信号和色灯外，还有多种其他安全装置，比如扫轨板和支撑架等。

一、限位器

限位器是用来限制各机构运行行程和工作位置的一种安全防护装置。

限位器有两类，一类是限制工作位置的上升和下降极限位置限制器，另一类是限制运行行程的运行极限位置限制器。

1. 起升高度限位器

（1）起升高度限位器的分类及作用　起升高度限位器是保护起升机构安全运转的上升和下降极限位置的限制器。

上升极限位置限制器用于限制取物装置的起升高度，当吊具起升到上极限位置时，限位器能自动切断电源，使起升机构停止运转，防止吊钩等取物装置继续上升而发生拉断起升钢丝绳，造成重物坠落的严重事故。起重机的起升机构均必须设置起升高度限位器，在极限位置的上方，留有足够的空余高度适应上升制动行程的要求。下降极限位置限制器是在取物装置可能低于下极限位置时，能自动切断下降的动力源，使起升机构下降运转停止，此时应保证钢丝绳在卷筒上缠绕余留的安全圈不少于 2 圈（不计固定钢丝绳用的圈数）。当起升机构有下极限限位要求时，应当设置下降深度限位器。

图 2-49　重锤式起升高度限位器

起升高度限位器常见的类型主要有重锤式和螺杆（或蜗轮蜗杆）式两种，如图 2-49 和图 2-50 所示。

重锤式起升高度限位器由一个限位开关和重锤组成，重锤使限位开关处于通电状态，当取物装置起升至托起重锤时，使限位开关打开触头而切断总电源，吊钩停止上升；但向下运动的电路仍然接通，可使重物下降。

螺杆式起升高度限位器分为螺杆传动式和蜗轮蜗杆传动式，其主要由螺杆或蜗轮蜗杆、滑块、限位开关等组成，当起升装置升到上极限位置时，滑块碰到限位开关，切断电路，控制起升高度；当螺杆两端都装有限位开关时，则可限制上升或下降的位置。这种起升高度限位器体积小、结构简单、可靠性高，在起重机的起升机构中广泛应用，但每一次更换钢丝绳后，应重新调整限位器的动作位置，避免限位器误动作。

（2）起升高度限位器的安全设置要求

1）起重机的起升机构均必须设置起升高度限位器、上升极限位置限位器，必须保证当吊具起升至极限位置时，自动切断起升的动力源。

2）对于要求配置下降极限位置限位器的使用场合，应保证吊具下降到下极限位置时，能自动切断下降的动力源，以保证钢丝绳在卷筒上的缠绕不少于规定的安全圈数，如图 2-51 所示。

3）吊运熔融金属的起重机，主起升机构在上升极限位置应设置不同形式双重二级保护装置，并且能够控制不同的断路装置，当起升高度大于 20m 时，还应当设置下降极限位置限位器。

图 2-50　螺杆式起升高度限位器

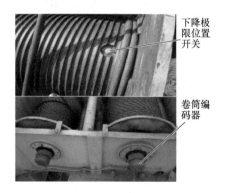

图 2-51　下降极限位置限位器

2. 运行极限位置限位器

运行极限位置限位器，又称为行程开关，主要由限位开关和安全撞尺组成，如图 2-52 所示。其工作原理是当起重机运行到极限位置后，安全撞尺触动限位开关的传动柄或触头，带动限位开关内的闭合触头分开而切断电源，运行机构将停止运转，起重机将在允许的制动距离内停车，避免硬性碰撞止挡体对运行的起重机产生过度的冲击碰撞。运行极限位置限位器

图 2-52　运行极限位置限位器

的限位开关动作后，反方向运行的电源未切断，设备可以朝相反的方向运行。

　　起重机和起重小车（悬挂型电动葫芦运行小车除外），应在每个运行方向均装设运行极限位置限位器，在达到设计规定的极限位置时自动切断前进方向的动力源。

二、缓冲器及轨道端部止挡体

　　缓冲器是指吸收起重机大车或者小车运行到终点与端部止挡体相撞产生的运行动能，以减缓冲击的装置，如图 2-53 所示。其设置在起重机或起重小车与止挡体相碰撞的位置，在同一轨道上运行的起重机之间，以及在同一起重机桥架上双小车之间也应设置缓冲器。缓冲器根据作用原理和材质的不同分为聚氨酯缓冲器、弹簧缓冲器和液压缓冲器。聚氨酯缓冲器结构简单、安装维修方便、缓冲性能好、价格较低，在小吨位起重机的大车运行和小车运行中得到广泛应用。弹簧缓冲器结构简单、使用可靠，但弹簧压缩后的回弹会增加对起重机的冲击，限制其应用。液压缓冲器结构相对复杂，通过活塞挤压油液做功消耗动能而起到缓冲作用，压缩后的活塞被复位弹簧推至原始位置，完成一个工作循环，可缓冲较大动能的冲击，一般应用于大吨位起重机。

　　轨道端部止挡体是防止起重机因轨道倾斜和大风吹等原因自行滑动，或因起重机运行惯性等原因滑出轨道终端造成脱轨倾翻的一种阻挡装置，如图 2-54 所示。

　　在轨道上运行的起重机的运行机构、起重小车的运行机构及起重机的变幅机构等均应装设缓冲器或缓冲装置。缓冲器或缓冲装置可以安装在起重机上或轨道端部止挡体上。轨道端部止挡体应牢固可靠，防止起重机脱轨。

图 2-53　缓冲器

图 2-54　轨道端部止挡体

三、防碰撞装置

　　对于同层多台或多层设置的桥式起重机，容易发生碰撞。当起重机大车运行速度超过

120m/min 时，为了防止起重机在轨道上运行时碰撞邻近的起重机，应在起重机上设置防碰撞装置。其工作原理是当起重机运行到危险距离范围时，防碰撞装置便发出警报，进而切断电源，使起重机停止运行，避免起重机之间的相互碰撞，如图 2-55 所示。

防碰撞装置主要有激光式、超声波式、红外线式和电磁式等类型。防碰撞装置发射与接收装置如图 2-56 所示。

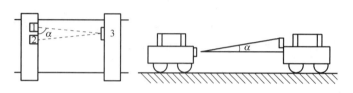

图 2-55　光线式防碰撞装置的工作原理
1—发射器　2—接收器　3—反射板

图 2-56　防碰撞装置发射
与接收装置

四、偏斜调整和指示装置

偏斜调整和指示装置是指当门式起重机两侧支腿运行不同步而发生偏斜时，能向司机指示出偏斜情况，还应使运行偏斜得到调整和纠正；当超过许用偏斜量时，应能使起重机自动切断电源，使运行机构停止运行，保证起重机金属结构的安全。

大跨度的门式起重机和装卸桥的两边支腿，在运行过程中，由于种种原因会出现相对超前或滞后的现象，起重机的主梁与前进方向发生偏斜，这种偏斜轻则造成大车车轮啃道，重则导致门架被扭坏，甚至发生倒塌事故。因此，大跨度门式起重机需要加装偏斜调整和指示装置。

按照规定，当门式起重机和装卸桥的跨度大于或等于 40m 时应设置偏斜调整和指示装置。

五、抗风防滑装置

露天工作的轨道式起重机在停止工作状态受到强风吹袭时，可能克服大车运行机构制动器的制停力而发生滑行，当大车运行轨道足够长致使滑行速度足够快时，起重机大车与端部止挡碰撞后可能造成起重机的整体倾覆，造成起重机事故。因此，露天工作的轨道上运行的起重机，如门式起重机、装卸桥、塔式起重机和门座式起重机，均应装设抗风防滑装置，如防风夹轨器、锚定装置或防风铁鞋等，并应满足规定的工作状态和非工作状态抗风防滑要求，如图 2-57 ~ 图 2-59 所示。

防风夹轨器应用最为广泛，可用于各种类型的起重机。在露天工作的桥门式起重机，当风速超过 60m/s（相当于 10、11 级风）时，必须采用锚定装置。

抗风防滑装置动作状态应该运行机构联锁，并应能从控制室内自动进行操作（手动控制防风装置除外）。

注：在轨道上露天作业的起重机，当工作结束时，应将起重机锚定住。当风力大于 6 级时，一般应停止工作，并将起重机锚定住，对于门座式起重机等在沿海工作的起重机，当风

力大于 7 级时，应停止工作，并将起重机锚定住。

图 2-57　防风夹轨器

图 2-58　锚定装置

注：锚定装置是将起重机与轨道基础固定，通常在固定的轨道上每隔一段相应的距离设置一个。当大风来袭时，将起重机开到设有锚定装置的位置，用锚柱将起重机与锚定装置固定，起到保护起重机的作用。

锚定装置由于不能及时起到防风的作用，特别是在遇到暴风突然袭击时，很难及时做到停车锚定，而必须将起重机开到运行轨道设置锚定的位置才能锚定，故使用是不方便的，常作为自动防风夹轨器的辅助设施配合使用。

图 2-59　防风铁鞋

六、起重量限制器

起重机超载作业轻则可造成钢丝绳拉断、传动部件损坏、电动机烧毁和制动失效等严重故障，重则导致起重机主梁下挠甚至折断、臂架和塔身折断、整机倾覆等严重事故。因此，起重机作业过程中严禁超载，使用灵敏可靠的超载保护装置是防止超载事故的有效措施。

按照规定，对于动力驱动的 1t 及以上无倾覆危险的起重机械应装设起重量限制器。对于有倾覆危险的且在一定的幅度变化范围内额定起重量不变化的起重机械也应装设起重量限制器。

起重量限制器如图 2-60 所示，按照其功能分为自动停止型和综合型两种；按结构分为电气型和机械型两种；按载荷传感器的作用方式分为吊钩式、钢丝绳张力式、轴承座式和定滑轮式四种。目前，起重机应用较多的起重量限制器是钢丝绳张力式综合电气型和轴承座式综合电气型两种型式。

起重量限制器主要由载荷传感器和二次仪表两部分组成，当载荷达到90%额定载荷时，产品发出声音或灯光报警；当载荷超过额定载荷的100%～110%时，自动切断起升动力源，但应允许机构作下降运动。各种起重量限制器的综合误差不应大于8%。

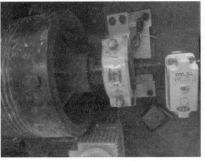

图 2-60　起重量限制器

七、力矩限制器

力矩限制器如图 2-61 所示，其按照不同的作用分为极限力矩限制器和起重力矩限制器。

1）极限力矩限制器是指限制起重机回转机构因过载或卡阻使回转力矩超过设计回转力矩的安全装置，主要保护电动机、金属结构及传动零部件免遭破坏，如门座式起重机等。对有自锁作用的回转机构，应设极限力矩限制装置，保证当回转运动受到阻碍时，能由此力矩限制器发生的滑动而起到对超载的保护作用。

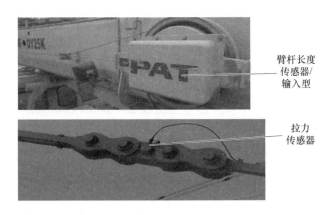

臂杆长度
传感器/
输入型

拉力
传感器

图 2-61　力矩限制器

2）起重力矩限制器是指限制臂架型起重机作业的力矩不能超过设计额定力矩的安全装置。额定起重量随工作幅度变化的起重机，应装设起重力矩限制器。如流动式起重机、塔式起重机、门座式起重机等。当实际起重量超过实际幅度所对应起重量额定值的95%时，起重力矩限制器宜发出报警信号，当实际起重量大于实际幅度所对应的额定值但小于110%的额定值时，起重力矩限制器起作用，此时应自动切断上升、幅度增大及臂架外伸的动力源，但应允许机构作相反方向的运动。

八、其他安全防护装置

1. 幅度指示器和幅度限位器

1）幅度指示器，是用来指示起重机吊臂的倾角（幅度）以及在该倾角（幅度）下的额定起重量的装置，如图 2-62 所示。具有变幅机构的起重机械，应装设幅度指示器（或臂架仰角指示器）。

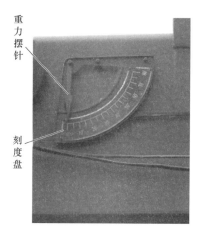

图 2-62　幅度指示器

2）幅度限位器，是指臂架型起重机通过吊臂俯仰变幅或者小车变幅达到上下或前后两个极限位置时，臂架或者小车分别碰触限位开关，切断主控电路，达到限位的作用。动臂变幅的起重机（液压变幅除外），应在臂架俯仰行程的极限位置设置幅度限位器。小车变幅的塔式起重机，在小车运行的最大或最小幅度处装设幅度限位装置，并在向外变幅速度超过 40m/min 且起重力矩达到额定值的 80% 时，小车应自动转换为低于 40m/min 的低速运行。

2. 联锁保护装置

联锁保护装置是指起重机的各舱口设置的安全限位开关，防止舱口门打开而起重机运行造成人员伤害，在各类起重机上应用较广泛，设置的位置如下：

1）起重机桥架的各舱口门，应能联锁保护；当门打开时，应断开危险机构的电源。

2）进入司机室的门和通道口，应设联锁保护；当门打开时，应断开危险机构的电源。

3）可在两处或多处操作的起重机，应有联锁保护，以保证只能在一处操作，防止两处或多处同时都能操作。

4）露天工作起重机的防风抗滑装置应能与运行机构电气联锁，抗风防滑装置未解除，应断开起重机运行机构的电源。

5）对于小车在可俯仰的悬臂上运行的起重机，悬臂俯仰机构与小车运行机构应能联锁，使俯仰悬臂放平后小车方能运行。

3. 水平仪

利用支腿支承或履带支承进行作业的起重机，应装设水平仪，用来检查起重机底座的倾斜程度。常用的水平仪多为气泡水平仪，根据气泡的位置调整起重机的水平度，当气泡处于玻璃管的中间位置时，说明起重机底座处于水平位置，如图 2-63 所示。

图 2-63　水平仪

4. 防止臂架向后倾翻的装置

用柔性钢丝绳牵引吊臂进行俯仰变幅的起重机，当遇到突然卸载等情况时，会产生使吊臂后倾的力，从而造成吊臂超过最小幅度，发生吊臂后倾的事故。因此，这类起重机应该安装防吊臂后倾装置，保证当变幅机构的行程开关失灵时，能阻止臂架向后倾翻，如图 2-64 所示。

图 2-64　防止吊臂后倾装置

5. 回转角度限位器和回转定位装置

流动式起重机等需要设置回转范围的起重机,回转机构应装设回转角度限位器,以限制流动式起重机的作业范围;流动式起重机及其他回转起重机的回转部分应装设回转锁定装置,在整机行驶时,使回转机构能保持在固定的位置上,如图 2-65 所示。

图 2-65　回转角度限位器和回转限位装置

6. 防倾翻安全钩

单主梁起重机的起吊重物是在主梁的一侧,重物对小车产生一个倾翻力矩,正常情况下由垂直反滚轮或水平反滚轮产生的抗倾翻力矩使小车保持平衡,但不能保证意外冲击、车轮破碎等情况下小车的安全。因此,起重吊钩装在主梁一侧的单主梁起重机,应装设防倾翻安全钩。

7. 风速仪及风速报警器

臂架铰点高度大于 50m 的塔式起重机及金属结构高度等于或大于 30m 的门座式起重机应设置风速仪及风速报警器。风速仪应安置在起重机上部迎风处,有瞬时风速风级的显示能力;风速仪和风速报警器应能保证露天工作的起重机,在内陆风力大于 6 级或者沿海风力大于 7 级时发出报警信号,如图 2-66 所示。

8. 轨道清扫器

在轨道上行驶的起重机和起重小车,在台车架(或端梁)下面和小车架下面应装设轨道清扫器,用

图 2-66　风速仪及风速报警器

来清除轨道上的障碍物，保证起重机能安全运行。通常扫轨板底面与轨道顶面之间的间隙为 5～10mm，如图 2-67 所示。

图 2-67　扫轨板

9. 导电滑触线的安全防护

桥式起重机采用裸露导线供电时，在以下部位应设置导电滑触线防护板：

1）起重机司机室位于大车滑触线一侧，在有触电危险的区段，通向起重机的梯子和走台与滑触线间应设置防护板进行隔离。

2）起重机导电滑触线端的起重机端梁上应设置防护板（通常称为挡电架），以防止吊具或钢丝绳等摆动与导电滑触线接触而发生意外触电事故。

3）多层布置的桥式起重机，下层起重机应在导电滑触线全长设置防触电保护设施。

4）其他使用滑触线引入电源的起重机，对于易发生触电危险的部位应设置防护装置。

10. 报警装置

在起重机上应设置蜂鸣器、闪光灯等作业报警装置。流动式起重机应设置倒退报警装置，当流动式起重机向倒退方向运行时，应发出清晰的报警信号和明灭相间的灯光信号。

11. 防护罩和防雨罩

起重机在正常工作时，为防止异物进入或防止其运行对人员可能造成危险的零部件，应设有保护装置。起重机上外露的、有可能伤人的运动零部件，如开式齿轮、联轴器、传动轴、链轮、链条、传动带和带轮等，均应装设防护罩，如图 2-68a 所示。

露天工作的起重机，其电气设备应安装防雨罩，如图 2-68b 所示。

a) 防护罩　　　　　　　　　　　　　b) 防雨罩

图 2-68　防护罩和防雨罩

12. 防小车坠落装置

塔式起重机的变幅小车及其他起重机要求防坠落的小车，应设置使小车运行时不脱轨的装置，即使轮轴断裂，小车也不能坠落。

13. 层门或停层栏杆与吊笼的联锁装置

施工升降机层门或停层栏杆应与吊笼电气或机械联锁。只有在吊笼底板离登机平台的上、下垂直距离在250mm以内时，该平台的层门方可打开。

14. 防坠安全保护装置

施工升降机和简易升降机的吊笼应具有有效的装置使吊笼在导向装置失效时仍能保持在导轨上。一般通过防坠安全器或者限速器和安全钳的组合来实现，其中防坠安全器和限速器的有效标定期限为1年，应当在规定的有效期限内进行定期校验。

齿轮齿条式施工升降机吊笼应设有防坠安全器和安全钩。防坠安全器应能保证当吊笼出现不正常超速运行时及时动作，将吊笼制停；安全钩应能防止吊笼脱离导轨架或防坠安全器输出端齿轮脱离齿条。防坠安全器动作时，设在防坠安全器上的安全开关应将电动机电路断开，制动器制动。防坠安全器的速度控制部分应具有有效的铅封或漆封，出厂后动作速度不得随意调整。防坠安全器标定速度及制动距离见表2-5和表2-6。

表 2-5　防坠安全器标定速度

施工升降机额定速度 $v/(\mathrm{m/s})$	防坠安全器标定速度 $v_1/(\mathrm{m/s})$
$v \leqslant 0.6$	$v_1 \leqslant 1.0$
$0.6 < v \leqslant 1.33$	$v_1 \leqslant v + 0.4$
$v > 1.33$	$v_1 \leqslant 1.3v$

注：对于额定提升速度低，额定载重量大的施工升降机，其防坠安全器可以采用较低的动作速度。

表 2-6　防坠安全器制动距离

施工升降机额定速度 $v/(\mathrm{m/s})$	防坠安全器制动距离/m
$v \leqslant 0.65$	$0.15 \sim 1.4$
$0.65 < v \leqslant 1$	$0.25 \sim 1.6$
$1 < v \leqslant 1.33$	$0.35 \sim 1.8$
$v > 1.33$	$0.55 \sim 2$

15. 防松绳和断绳保护装置

施工升降机的对重钢丝绳或提升钢丝绳的绳数不少于两条且相互独立时，在钢丝绳组的一端应设置张力均衡装置，并装有由相对伸长量控制的非自动复位型的防松绳开关。当其中一条相对伸长量超过允许值或断绳时，该开关将切断控制电路，吊笼停止。

对采用单根提升钢丝绳或对重钢丝绳出现松绳时，防松绳开关立即切断控制电路，制动器立即制动。

16. 极限开关

曳引式、强制式和齿轮齿条式简易升降机应该装设上、下极限开关，直接作用液压式简易升降机应该装设上极限开关。其能够在货厢或者对重（如有）接触缓冲器前起作用，以及在缓冲器被压缩期间保持其动作状态。

17. 封闭式吊笼顶部的紧急出口门安全开关

施工升降机封闭式吊笼顶部应有紧急出口并装有向外开启的活板门，且设有电气安全开关，当活板门打开时，吊笼不能起动。

第五节　起重机械电气保护系统

起重机械上应当设置线路保护、失电压保护、零位保护、断错相保护、超速保护、紧急停止开关、电气绝缘及接地与防雷等电气保护装置。

一、线路保护

所有线路都应具有短路或接地引起的过电流保护功能，在线路发生短路或接地时，瞬时保护装置应能分断线路。对于导线截面较小，外部线路较长的控制电路或辅助电路，当预计接地电流达不到瞬时脱扣电流值时，应增设热脱扣功能，以保证导线不会因接地而引起绝缘烧损。

二、失电压保护

起重机械电气系统应该设置失电压保护，当起重机械供电电源中断后或者供电电压降低至影响其安全运行时，凡涉及安全或不宜自动开启的用电设备均应处于断电状态，避免恢复供电或者电压恢复后用电设备自动运行。

三、零位保护

起重机械各传动机构的电气控制系统应设有零位保护。起重机械运行中若因故障或失电压停止运行后，重新恢复供电时，机构不得自行动作，应人为将控制器置回零位后，机构才能重新启动。

四、断错相保护

起重机械电气系统应该设置断错相保护装置，当断开起重机械供电电源任意一根相线或者将任意两相线换接时，起重机械总电源接触器不能接通，防止电动机误运转。

五、超速保护

对于重要的、负载超速会引起危险的起升机构和非平衡式变幅机构应设置超速开关。超速开关的整定值取决于控制系统的性能和额定下降速度，通常为额定速度的 $1.25 \sim 1.4$ 倍。

六、紧急停止开关

每台起重机械应备有一个或多个从操作控制站操作的紧急停止开关，当有紧急情况时，应能够停止所有运动的驱动机构。紧急停止开关动作时不应切断可能造成物品坠落的动力回路（如起重电磁铁、气动吸持装置）。紧急停止开关应为红色、不能自动复位，并且应采用闭点控制。需要时，紧急停止开关还可另外设置在其他部位。

七、电气绝缘

当电网电压不大于1000V时，在电路与裸露导电部件之间施加500V（DC）电压时测得的绝缘电阻不应小于1MΩ。

有绝缘要求的起重机械应设有三级绝缘（例如：吊钩与钢丝绳动滑轮组之间的绝缘、起升机构与小车架之间的绝缘、小车架与桥架之间的绝缘），其每级绝缘电阻值不应小于1MΩ。有绝缘要求的起重机械应设置绝缘失效自动声光报警装置，报警装置应与电源总开关联锁。

八、接地与防雷

起重机械电源应采用三相四线供电方式，即采取四线上车的方式。

保护接地：将电气设备正常情况下不带电的金属外壳或构架等，用接地装置与大地做可靠的电气连接。保护接零：将电气设备正常情况下不带电的金属外壳或构架等，用导线与电源中性线直接连接。

起重机械本体的金属结构应与供电线路的保护导线可靠连接；起重机械所有电气设备外壳、金属导线管、金属支架及金属线槽均应进行可靠接地（保护接地或保护接零）；严禁用起重机械金属结构和接地线作为载流零线。对于保护接零系统，起重机械的重复接地或防雷接地的接地电阻不大于10Ω，对于保护接地系统的接地电阻不大于4Ω。

对于安装在野外且相对周围地面处在较高位置的起重机械，应考虑避除雷击对其高位部件和人员造成损坏和伤害。

九、电动机定子异常失电保护

对于吊运熔融金属或者发生事故后可能造成重大危险或者损失的起重机械起升机构，电动机应当设置定子异常失电保护功能，即当调速装置或者正反向接触器故障导致电动机失控时，制动器应该立即上闸制动，预防重物失去电动机动力且未制动而快速滑落，造成事故。

第三章
桥式和门式起重机安全操作技术

桥式和门式起重机的基本组成及工作原理

一、桥式和门式起重机的分类和主要参数

1. 桥式和门式起重机的分类

（1）桥式起重机　它是机械制造工业中最广泛使用的起重机械之一，又称为"天车"或"行车"，其桥架梁通过运行装置直接支承在轨道上空用来吊运各种物件。按照用途和结构不同，桥式起重机分为通用桥式起重机、防爆桥式起重机、绝缘桥式起重机、冶金桥式起重机、电动单梁起重机及电动葫芦桥式起重机。

本章重点介绍车间和司机考试常用的通用桥式起重机。通用桥式起重机按照取物装置的不同还可以分为吊钩桥式起重机（见图 3-1）、电磁桥式起重机、抓斗桥式起重机、二用桥式起重机和三用桥式起重机；通用桥式起重机按照小车数量分为单小车、双小车及多小车桥式起重机；通用桥式起重机按照操作方式分为司机室操作、地面有线操作、无线遥控操作和多点操作。

图 3-1　吊钩桥式起重机

（2）门式起重机　它是桥式起重机的一种变形，又叫"龙门吊"，其桥架梁通过支腿支承在轨道上。门式起重机具有场地利用率高、作业范围大、适应面广和通用性强等特点，主要用于室外的货场、料场散货的装卸作业。门式起重机的金属结构像门形框架，承载主梁下安装两条支脚，大车行走轮装在支承腿的底梁上，沿着铺设在地面上的轨道做纵向运行，主梁两端可以具有外伸悬臂梁。

本部分重点介绍通用门式起重机，其根据主梁的数量分为单主梁门式起重机和双主梁门式起重机；按照悬臂分为无悬臂门式起重机、双悬臂门式起重机及单悬臂门式起重机；按照取物装置分为吊钩门式起重机、电磁门式起重机、抓斗门式起重机、两用门式起重机及三用门式起重机；按照小车数量分为单小车、双小车及多小车门式起重机；按照操作方式分为司机室操作、地面有线操作、无线遥控操作和多点操作；根据主梁和支腿的金属结构形式分为箱型梁门式起重机和桁架型门式起重机；根据支腿的数量分为门式起重机和半门式起重机。

1）箱型梁门式起重机和桁架型门式起重机如图 3-2 所示。

图 3-2　箱型梁门式起重机和桁架型门式起重机

2）单主梁门式起重机和双主梁门式起重机如图 3-3 所示。

图 3-3　单主梁门式起重机和双主梁门式起重机

3）半门式起重机如图 3-4 所示。

图 3-4　半门式起重机

2. 通用桥式、门式起重机的主要参数

（1）工作级别　通用桥式、门式起重机的工作级别分为 A1 ~ A8。

（2）额定起重量　对于取物装置为吊钩且单小车的通用桥式、门式起重机的额定起重量一般为 3.2 ~ 320t 系列；对于取物装置为吊钩且等量双小车的通用桥式、门式额定起重量一般为（2.5 + 2.5）t ~（160 + 160）t 系列，对于不等量和多小车吊钩通用桥式、门式起重机各小车的额定起重量符合单小车起重机的起重量系列，总起重量不应超过 320t；当设有主、副起升机构时，起重量的匹配一般为 3:1 ~ 5:1，并且以分子分母形式表示，如 80/20、50/10 等。对于取物装置为抓斗和电磁的通用桥式、门式起重机，其额定起重量为 3.2 ~ 50t。

（3）跨度　起重机跨度是起重机大车运行轨道中心线之间的水平距离。

1）通用桥式起重机的跨度与建筑物上沿起重机运行线路上是否设置人行安全通道有

关，无安全通道的标准跨度值为 10.5~40.5m，而有安全通道的标准跨度值为 10~40m。其跨度每 3m 为一级。

2）通用门式起重机的跨度与实际作业场地的宽度有关，如果作业场地的宽度可以调节，门式起重机的标准跨度一般为 10~60m；若作业场地宽度不可调，门式起重机的跨度应该满足作业要求且应尽量小，避免两侧支腿运行偏斜对门式起重机整体稳定性的影响。为增加门式起重机作业覆盖范围，一般在其主梁两端、支腿外侧设置悬臂，悬臂的有效长度一般不超过跨度的 1/3。

（4）工作速度　通用桥式、门式起重机各机构工作速度的名义值，一般有 0.63~100m/min 等系列速度的名义值，各机构的工作速度根据用户的需求确定。

（5）起升高度和下降深度　桥式、门式起重机的起升高度是指起重机支承面至取物装置最高工作位置之间的垂直距离。起升高度根据作业现场的实际情况确定，在满足作业现场要求的情况下尽量选择标准起升高度。

二、桥式和门式起重机的组成和原理

桥式和门式起重机主要由金属结构、工作机构、电气控制系统、安全保护装置及附属装置组成。其中，金属结构主要分为主梁、端梁、支腿、下横梁、马鞍梁及小车架等几部分。本节以双梁通用桥式起重机和双梁通用门式起重机为例，详细介绍它们的金属结构、运行机构及安全保护装置。

1. 桥式和门式起重机的金属结构组成及作用

金属结构作为承受载荷的结构件，一般由型钢和钢板作为基本元件，按照一定的规律用焊接（或铆接、螺栓）的方法连接起来，是起重运行机构的主要组成部分。金属结构是起重机的骨架，支撑起重机的机构和电气设备，承受各部分重力和各机构的工作力，将起重机的外载荷和各部分自重传递给基础。

（1）通用桥式起重机金属结构组成及作用　通用桥式起重机的金属结构主要由主梁、端梁、轨道、走台、小车架和栏杆等组成，如图 3-5 所示。主梁和端梁的结构都是箱型，一般大吨位通用桥式起重机主梁两端与端梁进行焊接连接，端梁中间断开，每根主梁两端连接着 1/2 的端梁，在使用现场通过高强度螺栓将端梁断开处连接，组成通用桥式起重机的桥

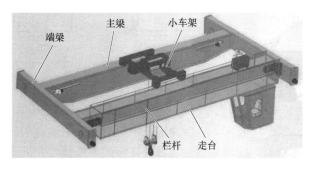

图 3-5　金属结构

架；一般小吨位或者参照欧洲标准设计的通用桥式起重机做成 4 梁结构，2 根主梁和 2 根端梁，在使用现场通过高强度螺栓将 4 根梁连接，组成桥式起重机的桥架。起重机桥架主要支承大车运行、小车架及司机室等部件。为了安装运行机构和人行通道，桥架主梁腹板外侧装有走台和栏杆。

1）主梁。主梁是起重机的主要受力构件，起到支撑整个小车及载荷的作用，主梁主要承受载荷和小车产生的弯曲应力，且呈中间最大向两端逐步减小的特点，即吊载和小车处于

主梁中间时主梁所受力最大，带走台与栏杆的主梁如图 3-6 所示。

2）端梁。端梁是起重机桥架的重要组成部分，主要起到连接主梁的作用。大车运行车轮安装在端梁上，在驱动力作用下端梁带动主梁沿着大车轨道运行，实现载荷的转运。端梁如图 3-7 所示。

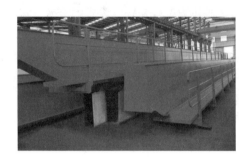

图 3-6　带走台与栏杆的主梁

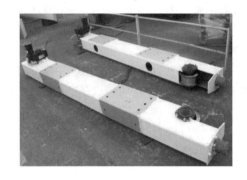

图 3-7　端梁

3）轨道。主梁上翼缘板处安装小车运行轨道，根据轨道安装的位置不同可分中轨梁、偏轨梁及半偏轨梁，如图 3-8 所示。常见的是中轨梁和偏轨梁。轨道的作用主要是将小车和重物的载荷传递给主梁，同时轨道和车轮联合对小车运行起导向作用，使小车沿着轨道运行而不脱轨，确保小车的运行安全。

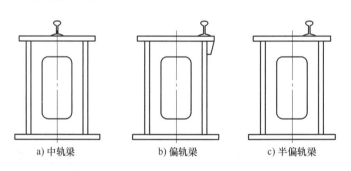

a) 中轨梁　　　　　b) 偏轨梁　　　　　c) 半偏轨梁

图 3-8　小车运行轨道

4）走台和栏杆。走台主要通过螺栓连接安装在主梁的一侧，如图 3-6 所示。走台的作用主要是安装大车运行装置并承担电动机驱动大车运行产生的反作用力，同时还可以安装电气控制柜等设施并作为起重机安装或者检修时人员和设备进出的通道。走台外侧一般设置栏杆，可起到安全防护作用。

5）小车架。小车架一般由箱型梁、型钢或者钢板按照设计文件的要求焊接而成，小车架的作用主要是安装起升机构零部件、小车运行机构零部件及承载起吊重物，如图 3-9 所示。

（2）通用门式起重机金属结构组成及作用　通用门式起重机的金属结构主要由主梁、端梁、支腿、下横梁、马鞍梁、司机室、轨道、栏杆及防护罩等组成，如图 3-10 所示。

图 3-9　小车架

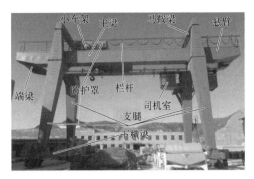

图 3-10　通用门式起重机的金属结构示意图

1）主梁。通用门式起重机主梁采用焊接箱形结构，主梁两端各设置连接法兰，与端梁通过高强度螺栓连接，组成桥架结构，支撑整个小车、起吊载荷、司机室及栏杆等部件。

2）端梁。端梁一般是焊接箱形结构，主要起到连接主梁的作用，同时承载主梁产生的横向惯性力。

3）支腿。支腿采用焊接箱形结构，由上法兰、下法兰及钢板或型钢焊接而成，上法兰大，下法兰小，使支腿成为上大下小的变截面结构，符合门式起重机支腿受力特性，在降低自重的同时可有效承载竖直及水平方向的载荷。同时，支腿将主梁支撑至一定高度处，增强门式起重机的通过性，提高门式起重机堆垛物料的效率。

4）下横梁。下横梁采用焊接箱形结构。下横梁上部法兰与支腿连接，下部法兰与大车运行台车连接。下横梁主要起到连接支腿的作用，并将桥架、小车、起升载荷及支腿的重量传导至大车运行轨道，同时下横梁两端将安装大车运行车轮或者运行台车，在大车运行电动机驱动力作用下横梁带动整个桥架、门架及起升的载荷沿着大车轨道运行，实现载荷的转运。

5）马鞍梁。马鞍梁采用焊接箱形结构，一般设置在带悬臂门式起重机悬臂侧支腿上方，主要起到稳定起重机门架的作用，并承担小车和重物在跨内和悬臂处时产生的侧向载荷，防止主梁与支腿连接处失效，造成起重机小车掉道坠落和门架损坏整体倾覆的事故。

6）司机室。司机室骨架结构由钢板和型钢焊接制成，安装在主梁下面的支架上。其连接方式应牢固可靠、具有足够的强度和刚度。司机室内布置按相应的国家标准执行并充分体现人性化，满足需方的要求。

7）轨道。门式起重机主梁上翼缘板处安装小车运行轨道，根据轨道安装的位置不同可分中轨梁、偏轨梁及半偏轨梁，通用门式起重机一般是偏轨梁的结构形式。轨道的作用主要是将小车和重物的载荷传递给主梁，同时轨道和车轮联合对小车运行起导向作用，使小车沿着道轨运行而不脱轨，确保其运行安全。

8）栏杆。通用门式起重机一般不设置专门的走台，其主梁可用作走台使用，主梁外缘处连接栏杆，起到防护作用。

9）防护罩。通用门式起重机一般露天工作，小车一般会设置防护罩，主要起到防雨、防雪及防尘作用。

2. 通用桥式和门式起重机金属结构安全技术要求

1）桥式、门式起重机承载结构件的钢材选择，应考虑结构的重要性、载荷特征、应力状态、连接方式和起重机工作环境温度及钢材厚度等因素。

2）桥式、门式起重机主要承载结构的构造设计应力求简单、受力明确、传力直接、尽量降低应力集中的影响。

3）露天工作的桥式、门式起重机结构应避免积水。

4）对承载后会发生较大弹性变形的桥式、门式起重机的主梁跨中应该做出向上的预拱，门式起重机悬臂段应做出向上的预翘，这些预变形应该由结构构造或结构件的下料保证。

5）长度较大的桥式、门式起重机允许分段制造，现场安装，现场安装时一般使用高强度螺栓进行连接，同一连接部位不允许既采用高强度螺栓，又采用焊接或者铆接进行连接。

6）桥式、门式起重机安装完毕、正式使用前应该做静载试验，应能承受 1.25 倍额定起重量的试验载荷，起重机主梁和悬臂处均不产生永久的塑性变形。静载试验后的主梁和悬臂，上拱最高点应该在跨中 $S/10$ 的范围内，其值不应小于 $0.7S/1000$；悬臂端的上翘度不应小于 $0.7L/350$；试验后进行目测检查，各受力金属结构件应无裂纹、无永久变形、无油漆剥落或者对起重机的性能与安全有影响的损坏，连接处不应出现损坏或者松动。

7）桥式、门式起重机小车轨道一般宜用将接头焊为一体的整根轨道，否则接头处的高低差 $d \leqslant 1\text{mm}$，接头处在头部间隙 $e \leqslant 2\text{mm}$，接头处在侧向错位 $f \leqslant 1\text{mm}$。如果起重机有防爆要求，宜采用焊接连接并打磨平整、光滑，否则接头处的高低差 $d \leqslant 0.5\text{mm}$，接头处在头部间隙 $e \leqslant 1\text{mm}$，接头处在侧向错位 $f \leqslant 0.5\text{mm}$。

8）桥式、门式起重机金属结构的修复及报废条件

① 桥式、门式起重机主要受力构件失去整体稳定性时不应修复，应报废。

② 桥式、门式起重机主要受力构件发生腐蚀时，应进行检查和测量。当主要受力构件断面腐蚀达设计厚度的 10% 时，如不能修复，应报废。

③ 桥式、门式起重机主要受力构件产生裂纹时，应根据受力情况和裂纹情况采取阻止措施，并采取加强或改变应力分布措施，或停止使用。

④ 桥式、门式起重机主要受力构件因塑性变形使工作机构不能正常地安全运行时，如不能修复，应报废。

3. 桥式和门式起重机工作机构组成及原理

（1）桥式起重机机构组成及原理 桥式起重机起吊载荷在厂房内可做上、下、左、右、前、后 6 个方向的运动来完成物体的移动。起重机由大车电动机驱动大车运动机械沿车间基础上的大车轨道左右运动。小车与提升机构由小车电动机驱动小车运动机构沿桥架上的轨道前后运动。起重电动机驱动提升机构带动重物上下运动。

桥式起重机的起升和运行机构是为实现起重机不同运动要求设置的，主要由大车运行机构、小车运行机构和起升机构所组成，如图 3-11 所示。大车运行机构安装于桥式

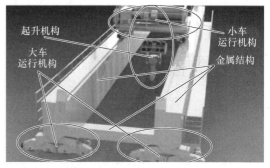

图 3-11　桥式起重机组成图

起重机的走台两端，小车运行机构主要安装于小车架的一端，起升机构分为主起升机构和副起升机构，其主要安装于小车架平面内，三大机构协同作用实现重物在车间或货场三维空间中移动。

1）大车运行机构。大车运行机构主要是利用大车车轮与轨道面的摩擦力，推动整台起重机向左或向右运动，实现起重机整机的纵向运行。

大车运行机构通常采用分别驱动形式，由电动机、制动器、减速器、车轮组、传动轴和联轴器等组成，如图3-12所示。

注：分别驱动形式安装维修方便、自重较轻，但两边车轮的同步性要求较高，但随着电气控制精度的逐步提高，两侧车轮的同步性问题已得到解决，桥式起重机大车运行机构基本采用该类驱动形式，如图3-13所示。

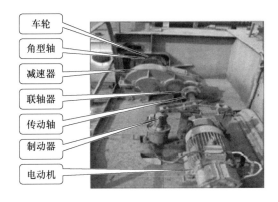

图3-12　大车运行机构

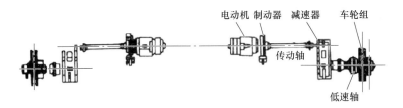

图3-13　分别驱动形式

大车运行的工作过程是电动机通电后产生电磁转矩，通过制动轮联轴器，传递到减速器，经过齿轮传动减速，由其输出轴再通过联轴器带动大车车轮沿轨道顶面滚动，从而使大车运行。

2）小车运行机构。小车运行机构是电动机驱动小车车轮，克服其与小车轨道之间的静摩擦力和滑动摩擦力使小车车轮沿轨道纯滚动，实现小车和载荷的横向运行。

小车运行机构采用集中驱动形式，由电动机、传动轴、联轴器、减速器、制动器及车轮等零部件组成，如图3-14所示。

注：所谓集中驱动形式是指电动机集中驱动小车两侧主动轮，确保两侧车轮的同步运行，该机构安装维修方便、传动精度高，小车运行机构基本采取此种驱动形式，如图3-15所示。

3）起升机构。起升机构是用来实现重物垂直方向运动的机构，是起重机最主要、最基

图 3-14　小车运行机构

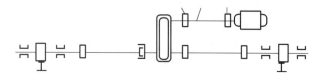

图 3-15　集中驱动形式

本的机构。起升机构主要由电动机、联轴器、减速器、传动轴、卷筒组、滑轮组、钢丝绳、制动器、取物装置（吊钩组、抓斗、起重电磁铁等）及安全保护装置等几部分组成。

　　注：起升机构将电动机的旋转运动，通过卷筒变为取物装置在垂直方向的直线运动，实现重物在垂直空间的位置移动。桥式起重机往往设置两套起升机构，起重量较大的称为主起升机构或主钩；起重量较小的称为副起升机构或副钩。主钩用于吊运起重量较大且与该额定起重量匹配的重物，副钩的起重量一般为主钩的 1/5 ~ 1/3 或更小，用于吊运重量较小且与此起重量匹配的重物，节约电能的同时提高设备的利用率。为使重物停止在空中某一位置或控制重物的下降速度，在起升机构中必须设置制动器或停止器等控制装置，具体零部件的位置如图 3-16 所示。

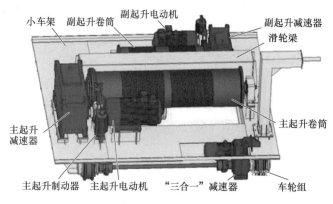

图 3-16　起重小车各机构分布

　　（2）门式起重机工作机构组成及原理　门式起重机可以实现货场内货物的起升与搬运，起升机构实现货物垂直方向的移动，小车运行机构实现货物横向移动而大车运行机构实现货物纵向移动，达到货场内货物搬运的目的，具体的机构设置如图 3-17 所示。

　　通用门式起重机一般由机械、电气和金属结构三大部分组成。机械传动部分则是为实现

图 3-17　门式起重机机构设置

起重机不同运动要求设置的，主要由大车运行机构、小车运行机构和起升机构所组成。大车运行机构安装于通用门式起重机下横梁的两端，小车运行机构一般安装于小车架的一端，起升机构分为主起升机构和副起升机构，主要安装于小车架平面内，三大机构协同作用实现起升重物在货场三维空间中移动，实现货物的搬运。

1）大车运行机构。通用门式起重机的大车运行机构采用分别驱动形式，由电动机、制动器、减速器、车轮组、传动轴和联轴器等组成。

大车运行机构主要安装在门式起重机双侧下横梁的一端，一般大车运行驱动双侧下横梁，带动设备运行，如图 3-18 所示。

注：大车运行减速器根据设备参数的不同可以选择单独的减速器传动，也可以选择三合一减速器传动，两者的主要区别为是否设置单独的制动装置。大车运行机构驱动方式为分别驱动方式，即下横梁的两侧分别装有一套传动装置，两侧电动机产生的电磁转矩通过传动轴、联轴器及减速器传递到车轮，克服车轮处的静摩擦和动摩擦，共同驱动门式起重机实现大车运行。

图 3-18　大车运行机构

2）小车运行机构。通用门式起重机小车运行机构与通用桥式起重机类似，一般采用集中驱动的形式，个别吨位较大或特殊用途的起重机采用分别驱动的方式，分别驱动一般采用三合一减速传动的形式。集中驱动主要由电动机、传动轴、联轴器、减速器、制动器及车轮等零部件组成，电动机集中驱动小车两侧主动轮，确保两侧车轮的同步运行，实现小车在桥架平面内横向运行，具体结构形式如图 3-19 所示。

3）起升机构。门式起重机起升机构与桥式起重机相同，一般由两套起升机构组成，分为主钩和副钩，副钩的起重量一般为主钩的 1/5 ~ 1/3 或更小。起升机构主要由电动机、联轴器、减速器、传动轴、卷筒组、滑轮组、钢丝绳、制动器、取物装置（吊钩组、抓斗、起重电磁铁等）及安全保护装置等几部分组成，通过卷筒将电动机的旋转运动转变为取物装置的垂直运动，实现重物在垂直空间的位置移动，具体结构形式参考桥式起重机组成及原理中起升机构部分的内容。

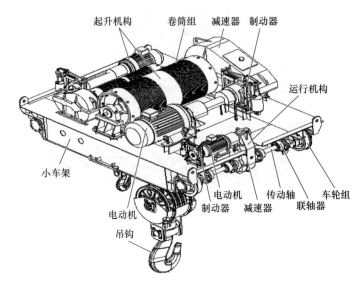

图 3-19　小车运行机构具体结构形式

4. 桥门式起重机工作机构的安全技术要求

1）地面有线控制的桥门式起重机，大小车运行机构运行速度不应大于50m/min。

2）吊运熔融金属的起重机，主起升机构（电动葫芦除外）应该设置两套驱动装置，并在输出轴刚性连接；或者设置两套驱动装置，在输出轴上无刚性连接时应该在钢丝绳卷筒上设置安全制动器；或者设置一套驱动装置时，也应在钢丝绳卷筒上设置安全制动器。两套驱动装置指两台电动机、两套减速系统、一套或多套卷筒装置和四套制动器。

3）吊运熔融金属的起重机，主起升机构的钢丝绳应满足双吊点并采用4根钢丝绳缠绕系统；单吊点至少采用两根钢丝绳缠绕系统。

4）吊运熔融金属的起重机，额定起重量不大于16t时，可采用电动葫芦作为起升机构，应满足下列要求：当额定起重量大于5t时，电动葫芦除设置一个工作制动器外，还应设置安全制动器；当额定起重量小于或等于5t时，电动葫芦除设置一个工作制动器外，也宜在低速级上设置安全制动器，否则电动葫芦应按1.5倍额定起重量设计；电动葫芦的工作级别不应低于M6。

5）有防爆要求的起重机运行机构和小车运行机构，在起动和制动过程中应平稳，避免车轮打滑及产生目视可见的火花，车轮和轨道接触面应保持不锈蚀，接触良好，避免因锈蚀而产生火花。因此，车轮的踏面和轮缘一般采用不产生火花的不锈钢或者铜合金，也可采用非金属车轮。有防爆要求的起重机，当防爆分类为ⅡB、ⅢB、ⅢC时，吊钩应采取能防止撞击或摩擦而产生危险火花的措施，吊钩一般做包铜合金或者包不锈钢处理。有防爆要求的起重机吊钩滑轮组侧板的外表面应标出警示语，如"禁止触地、碰撞"等。

注：防爆起重机随其电气设备的使用环境进行分类和分组，分为3大类：Ⅰ类，煤矿用起重机；Ⅱ类，除煤矿外的其他爆炸性气体环境用的起重机；Ⅲ类，除煤矿以外的爆炸性粉尘环境用的防爆桥式起重机。Ⅱ类防爆桥式起重机按照其拟使用的爆炸性环境的种类可进一步分为ⅡA、ⅡB和ⅡC类防爆桥式起重机。ⅡA类爆炸性环境代表性气体是丙烷；ⅡB类

爆炸性环境代表性气体是乙烯；ⅡC 类爆炸性环境代表性气体是氢气。ⅡB 类防爆桥式起重机可适用于ⅡA 类防爆桥式起重机的使用条件；ⅡC 类防爆桥式起重机则可适用于ⅡA 和 ⅡB 类防爆桥式起重机的使用条件。Ⅲ类防爆桥式起重机按照其拟使用的爆炸性粉尘环境的特性可进一步分为ⅢA、ⅢB 和ⅢC 类防爆桥式起重机。ⅢA 类爆炸性粉尘是可燃性飞絮；ⅢB 类爆炸性粉尘是非导电性粉尘；ⅢC 类爆炸性粉尘是导电性粉尘。ⅢB 类防爆桥式起重机可适用于ⅢA 类防爆桥式起重机的使用条件；ⅢC 类防爆桥式起重机则可适用于ⅢA 和 ⅢB 类防爆桥式起重机使用条件。

6）吊运熔融金属或炽热物品的起重机，应采用性能不低于 GB 8918—2006《重要用途钢丝绳》规定的金属绳芯或金属股芯的耐高温钢丝绳。

7）多层缠绕的卷筒，应有防止钢丝绳从卷筒端部滑落的凸缘。在钢丝绳全部缠绕在卷筒后，凸缘应超出最外一层钢丝绳，超出的高度不应小于钢丝绳直径的 1.5 倍。

5. 桥式和门式起重机的电气控制系统

（1）电源　桥式和门式起重机的电源采用三相四线 380V（AC）、50Hz 电源供电。电源由滑触线或电缆卷筒引入起重机上的主电源配电柜内，再引出动力、照明、辅助电路等电源。设有一台单独的照明变压器，变压器的一次侧和二次侧均设有断路器保护，为照明、维护插座及辅助电路提供 220V、36V 电源。设有专用接地线 PE，所有电气设备均用专用线与 PE 线相接，形成接地网，车体不作为接地回路。大车电源一般采用电缆卷筒或安全滑线供电，小车电源一般采用移动电缆滑车供电。

（2）配电系统　配电系统由总断路器、总电源接触器及过电流保护器组成，从而可以使发生故障的支路被隔离维修，而不影响其他支路的操作，把故障的影响压缩到最小范围。

（3）主（副）起升机构　起升机构控制方式通常有串电阻控制、变频调速控制及定子调压调速控制，在无指定要求情况下均为串电阻控制。

（4）大小车运行机构　运行机构串电阻控制分两种：凸轮控制器控制、接触器切电阻控制。

三、桥式和门式起重机安全保护装置及要求

1. 工作制动器

起重机动力驱动的起升机构和运行机构应当设置制动器，人力驱动的起升机构应当设置制动器或者停止器。

吊运熔融金属或发生事故后可能造成重大危险或者损失的起重机的起升机构，其每套驱动系统必须设置两套独立的工作制动器（又称支持制动器），如图 3-20 所示。

2. 安全制动器

图 3-20　工作制动器

1）吊运熔融金属的起重机，当主起升机构（电动葫芦除外）传动链设置两套驱动机构且输出轴无刚性连接或设置一套驱动机构时，均应在钢丝绳卷筒上设置安全制动器。

2）采用电动葫芦作为起升机构吊运熔融金属的起重机，其制动器的设置应当符合

以下要求：

①当额定起重量大于5t时，电动葫芦除设置一个工作制动器外，还必须设置一个安全制动器。安全制动器设置在电动葫芦的低速级上，当工作制动器失灵或传动部件破断时，能够可靠地支持住额定载荷。

②当额定起重量小于或者等于5t时，电动葫芦除设置工作制动器外，也宜在低速级上设置安全制动器，否则电动葫芦应当按1.5倍额定起重量设计，或者使用单位选用的起重机的额定起重量是最大起重量的1.5倍，并且用起重量标志明确允许的最大起重量。

3）岸边集装箱起重机和桥式抓斗卸船机的变幅机构应设置安全制动器。

3. 起重量限制器

1）起重机均必须设置起重量限制器，当载荷超过规定的设定值时，应当能自动切断起升动力源，如图3-21所示。

2）对于双小车或多小车的起重机，各小车均应装有起重量限制器。起重量限制器的限制值为各小车的额定起重量，当单个小车起吊重量超过规定的限制值时，应能自动切断起升动力源。联合起吊作业时，如果抬吊重量超过规定的抬吊限制值及各小车的起重量超过规定的限制值，起重量限制器应能自动切断各小车的起升动力源，但应允许机构做下降运动。

3）有防爆要求的起重机应装防爆型起重量限制器。

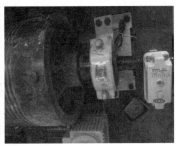

图3-21 起重量限制器

4. 限位器

具体内容见第二章第四节中有关限位器的部分。

重锤式高度限位器和运行极限位置限制器分别如图3-22和图3-23所示。

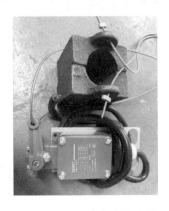

图3-22 重锤式高度限位器　　　　　　图3-23 运行极限位置限制器

5. 超速保护

1）起重机的起升机构采用可控硅定子调压、涡流制动、能耗制动、可控硅供电、直流机组供电方式，必须设置超速保护装置。

2）除前款以外，额定起重量大于 20t 用于吊运熔融金属的起重机，也应当设置超速保护装置。

6. 安全联锁保护装置

1）进入桥式、门式起重机的门与从司机室登上桥架的舱口门应设有联锁保护装置；当门打开时，应能够断开造成危险的机构的电源。

2）当司机室与进入通道有相对运动时，进入司机室的通道口应设有联锁保护装置；当通道口的门打开时，应能够断开造成危险的机构的电源。

3）司机室和工作通道的门应当设有联锁保护装置，当任何一个门开启时，起重机所有机构应当断开电源不能工作。

4）可两处或多处操作的起重机，应当有联锁保护装置，以保证只能在一处操作，防止两处或多处同时都能操作。

5）当同一台起重机双小车或多小车联动时，两台或多台小车间应设有联锁保护装置。当任何一个起升机构的高度限位器动作时，两个或多个起升机构应同时停止；当任何一个起升机构超载保护动作时，两个或多个起升机构应同时停止；当前方小车的前进限位器动作或后方小车的后退限位器动作，两个或多个小车机构应同时停止。

6）门式起重机的夹轨器、锚定装置等抗风防滑装置应与运行机构联锁，防风抗滑装置未解除，运行机构的电源不得接通。

7. 端部止挡、缓冲器及轨道清扫器

起重机大车和小车的运行机构均应设置端部止挡、轨道清扫器和缓冲器，在同轨作业的起重机，还应当设置缓冲相互碰撞的缓冲器，如图 3-24 所示。

缓冲器，主要用处为和物件相撞后起缓解冲击的作用

图 3-24　缓冲器

8. 防护罩和防雨罩

1）起重机上外露的有伤人可能的运动零部件，例如开式齿轮、联轴器、传动轴等，均应当设置防护罩（栏），如图 3-25a 所示。

2）在露天工作的起重机上的电气设备应当设置防雨罩，如图 3-25b 所示。

a) 防护罩

b) 防雨罩

图 3-25   防护罩和防雨罩

9. 斜梯、通道和平台

起重机的斜梯、通道和平台的设置，应当满足净空高度、净空宽度等安全作业要求，起到有效保护作用。

10. 受高温辐射部分

起重机直接受高温辐射的部分，例如主梁下翼缘板、吊具横梁等部位应当设置隔热板，防止受热超温。

11. 安全保护装置

室外工作的起重机（例如户外的门式起重机）应当设置可靠的抗风防滑装置、偏斜显示（限制）装置（门式起重机跨度大于或等于 40m 时）、风速仪等安全保护装置。

12. 检修吊笼或平台

需要经常在高空进行自身检修作业的起重机，应当设置安全可靠的检修吊笼或平台。

13. 起重机应设置的电气保护

1）电动机的保护：电动机应具有过电流、内设热传感元件、热过载这三种保护中的一种或一种以上的保护功能，具体应按电动机及其控制方式选用。

2）线路保护：所有外部线路都应具有短路或接地保护。

3）失电压保护：当供电电源中断后，凡涉及安全及不宜自动开启的用电设备均应处于断电状态。

4）零位保护：起重机各机构应设有零位保护。

5）错相和断相保护：当错相和断相会引起危险时，应设错相和断相保护。

6）失磁保护：能耗制动的调速系统或有因失磁而重物下坠导致安全事故可能的系统，应设失磁保护。

7）超速保护：电控调速的起升机构、行星差动的起升机构均应设超速保护。

14. 导电滑触线

起重机应当按照以下要求，设置导电滑触线的安全防护：

1）起重机司机室位于大车滑触线一侧时，在有触电危险的区段，通向起重机的梯子和走台与滑触线间设置防护板进行隔离。

2）起重机大车滑触线侧设置防护装置，以防止小车在端部极限位置时因吊具或钢丝绳摇摆而与滑触线意外接触。

3）多层布置桥式起重机时，下层起重机采用电缆或者安全滑触线供电。

15. 架桥机应设置的安全防护装置

架桥机还应当设置以下安全防护装置：

1）液压支腿锁定装置及防爆管装置。

2）架梁与过孔的互锁装置。

3）风速报警装置。

16. 安全警示标志

起重机应当在危险部位设置明显可见的安全警示标志，在操作位置应当设置安全使用说明和控制报警信号。

第二节　桥式和门式起重机安全操作规程

起重机械安全生产是国民经济稳定运行的重要保障，完善的安全操作规程是桥式、门式起重机司机保障安全生产的重要措施之一。

一、桥式和门式起重机司机的职责

1）应对起重机全部机构及装置的性能和用途以及电气设备常识详细了解，要具有对全部机构的操作维护知识和实际操作技能能力。

2）应严格执行桥式、门式起重机操作规程和有关安全规章制度。

3）熟悉各种指挥信号，拒绝违章指挥。

4）严格遵守交接班制度，做好交接班工作和交接班记录。

5）参加使用单位组织的安全教育和技能培训，参加并通过特种设备作业人员考试机构的考试，经发证机关审核发证后方可上岗。

6）作业过程中发现事故隐患或者其他不安全因素时，应当立即采取紧急措施并且按照规定的程序向现场安全管理人员和单位有关负责人报告。

7）严禁违章操作，做到"十不吊"，保障桥式、门式起重机安全运行。

8）参加应急演练，掌握相应的应急处置技能。

二、桥式和门式起重机安全操作规程

1. 作业前的准备工作

1）严格遵守交接班制度，做好交接班工作。

2）对起重机全面检查，在确认一切正常后，闭合总电源开关和起重机主开关，对各机构进行空载试运转几次，仔细检查各安全联锁开关及限位器动作的灵敏可靠性，记录于交接记录本中。

3）检查高度限位、行程开关及联锁开关的有效性。

4）认真记录检查结果。

2. 作业中的安全要求

1）司机接班时，应对制动器、吊钩、钢丝绳和安全装置进行检查，发现性能不正常

时，应在操作前排除。

2）开机前，必须鸣铃或报警，操作中接近人时，亦应给以断续铃声或报警。操作应按指挥信号进行，对紧急停止信号，不论何人发出，都应立即执行。

3）当起重机上或其周围确认无人时，才可以闭合主电源开关。如果电源断路装置上加锁或有标牌，应由有关人员除掉后才可闭合主电源开关。

4）闭合主电源开关前，应将所有的控制器手柄扳于零位。

5）工作中突然断电时，应将所有的控制器手柄扳回零位；在重新工作前，应检查起重机动作是否都正常。

6）对于在轨道上露天作业的起重机，当工作结束时，应将起重机锚定住；当风力大于6级时，一般应停止工作，并将起重机锚定住。

7）进行维护保养时，应切断主电源并挂上标牌或加锁。如果有未消除的故障，应通知接班司机。

8）不得利用极限位置限制器停止。

9）不得在有载荷的情况下调整起升制动器。除特殊紧急情况外，不得利用打反车进行制动。

10）所吊重物接近或达到额定起重能力时，吊运前应检查制动器，并用小高度、短行程试吊后，再平稳地吊运。

11）无下降极限位置限制器的起重机，吊钩在最低工作位置时，卷筒上的钢丝绳必须保持有设计规定的安全圈数。

12）用两台或多台起重机吊运同一重物时，钢丝绳应保持垂直；各台起重机的升降、运行应保持同步；各台起重机所承受的载荷均不得超过各自的额定起重能力。

13）有主、副两套起升机构的起重机，主、副钩不应同时开动。

3. 作业后的安全要求

1）应将吊钩升至接近上极限位置的高度，不准吊挂吊具、吊物等。

2）将起重小车停放在主梁远离大车滑触线的一端，不得置于跨中部位；大车应开到固定停放位置。

3）电磁吸盘和抓斗起重机，应将吸盘或抓斗放在地面上，不得在空中悬吊。

4）所有控制器手柄应回零位，将紧急开关扳转断路，断开主开关，关闭司机室门后方可离开。

4. 与指挥人员配合的安全要求

1）司机应与指挥人员密切配合，并听从指挥人员的信号，信号不响或指挥人员没有离开危险区域之前不准开机。

2）司机只听现场指挥人员发出的指挥信号，但任何人发出停止信号时，操作人员应立即停止。

3）由于受环境或其他因素影响，司机无法理解或看清指挥人员发出的信号时应发出询问信号，确认指挥信号与指挥目的一致时再操作。

4）对于捆绑方法不当或吊运中有可能发生危险时，司机应拒绝吊运。

5）指挥人员虽发出指挥信号，但不注视被吊物时，司机应拒绝吊运。

第三节

桥式和门式起重机日常检查和维护保养

使用单位应当根据起重机的工作级别和环境条件确定日常检查和维护保养的内容和周期，日常检查和维护保养发现的异常情况应当及时进行处理。下面介绍桥式、门式起重机日常检查和维护保养要求。

一、桥式和门式起重机日常检查要求

起重机每班使用前，应当对制动器、吊钩、钢丝绳、滑轮、安全保护装置和电气系统等进行检查，发现异常时，应当在使用前排除，并且做好相应记录。具体检查项目如下：

1）钢丝绳有无破股断丝现象，卷筒和滑轮缠绕是否正常，有无脱槽、打结、扭曲等现象，钢丝绳端部的压板螺栓是否紧固。

2）吊钩是否有裂纹，吊钩螺母的防松装置是否完整，吊具是否完整可靠。

3）各机构制动器的制动瓦是否靠紧制动轮，制动瓦衬及制动轮的磨损情况如何，电磁铁行程是否符合要求，杆件转动是否有卡住现象。

4）各机构转动件的连接螺栓和各部件的固定螺栓是否紧固。

5）各电气设备的接线是否正常，导电滑块与滑线的接触是否良好。

6）检查限位开关的动作是否灵活、正常，安全保护装置开关的动作是否灵活、工作是否正常。

7）起重机各机构的转动是否正常，有无异常声响。

二、桥式和门式起重机的维护保养要求

1. 定期自行检查和维护保养

使用单位应当对在用起重机进行定期的自行检查和维护保养，建议至少每月进行一次常规检查，每年进行一次全面检查，必要时进行试验验证，并且做记录。

2. 经常性的维护保养内容

主要包括钢丝绳、卷筒、滑轮、轴承、联轴器、减速器和制动器等的检查、润滑、紧固和调整等。在用起重机常规检查至少包括以下内容：

1）起重机各机构工作性能。

2）安全保护、防护装置有效性。

3）电气线路、液压或者气动的有关部件的泄漏情况及其工作性能。

4）吊钩及其闭锁装置、吊钩螺母及其防松装置。

5）制动器性能及其零件的磨损情况。

6）联轴器运行情况。

7）钢丝绳磨损和绳端的固定情况。

3. 每年应进行的保养和检查工作

至少每年进行一次全面保养和检查工作，它由专业维修人员负责，包括整台桥式和门式起重机各个机构和设备的维护和保养，必要时需做载荷试验等安全技术性能的检查。在用起重机全面检查至少包括以下内容：

1）常规检查的内容。

2）金属结构的变形、裂纹、腐蚀及其焊缝、铆钉、螺栓等连接情况。

3）主要零部件的变形、裂纹、磨损等情况。

4）指示装置的可靠性和精度。

5）电气和控制系统的可靠性等。

4. 起重机各部件维护保养的基本要求

（1）金属结构的维护保养

1）定期检查主、端梁的焊缝，发现裂纹时应停止使用并实施重焊。

2）当发现主梁有残余变形或腹板失稳时，应停止使用，进行修复。

3）为防止金属结构腐蚀，应定期进行油漆防腐。

4）定期检查各连接螺钉是否松动。

（2）主要零部件的维护保养

1）钢丝绳应定期润滑，保持清洁状态，达到报废标准时应报废处理。

2）轴承必须始终保持润滑状态，定期注油，若发现温度异常升高和噪声很大，必须认真检查，如果有损坏应及时更换。

3）吊具组、车轮、滑轮、齿式联轴器和制动机构达到报废标准时应报废处理。

4）起升机构的制动器每天检查一次，运行机构的制动器两三天检修一次，检查时注意制动系统各部动作是否灵活，瓦块应贴合在制动轮上，表面无损坏，张开时制动轮两侧间隙相等。

5）经常观察轨道是否平直，压板是否牢固。

6）减速器内不能缺油，应定期更换，发现异常噪声应及时检修。

（3）电气设备的维护保养

1）经常保持电气设备的清洁，如电阻器、控制器、接触器等，清除内外部灰尘、污垢及附着物，防止漏电、击穿、短路等现象的产生。

2）经常查看电动机转子滑线电刷接触是否良好，是否有磨损等情况。

3）经常查听电动机、制动器、继电器等发出的声音是否正常。

4）检查凸轮控制器、接触器触头是否有烧毛现象，如果有，应及时更换或用砂布磨平后使用。

5）使用条件恶劣时应定期测量电动机、电线的绝缘电阻，注意导电线支架绝缘与各项设备外壳接地。

6）滑线轨上的铁锈必须随时清除干净，保持导电部分接触良好。

7）经常检查各电气设备安装是否牢固，有无松动现象，活动部位转动是否灵活，适当予以润滑（接触器磁铁吸合面不应涂油）。

第四节 桥式和门式起重机作业典型事故案例分析

一、钢包倾覆事故

1. 事故概况

2007年4月18日，某钢厂生产车间一个装有约30t钢液的钢包在吊运至铸锭台车上方

2～3m高度时，突然发生滑落倾覆，钢包倒向车间交接班室，钢液涌入室内，造成人员重大伤亡，现场图和模拟图如图3-26所示。

图3-26　现场图和模拟图

2. 事故原因分析

1）该公司生产车间起重设备不符合国家规定，按照规定吊运钢液包应采用冶金专用的铸造起重机，而该公司却擅自使用一般用途的普通起重机。

2）起重机上升系统制动器控制电路设计不合理。

3）设备日常维护不善，特别是卷筒上用于固定钢丝绳压板的螺栓已经松动，已经存在极大的安全隐患。

4）作业现场管理混乱，厂房内设备和材料放置杂乱、作业空间狭窄、人员安全通道不符合要求。

5）违章设置班前会地点，车间长期在距钢液铸锭点仅5m的真空炉下方小屋内开班前会，钢包倾覆后造成人员伤亡惨重。

3. 事故预防措施

1）使用单位应该根据作业环境特点正确选择设备品种，特别是吊运熔融金属的场合一定选用冶金专用的铸造起重机。

2）使用单位应该对起重机进行经常性日常检查和维护保养，特别是关系吊运安全的工作制动器和安全制动器，对于铸造起重机的安全制动器应该定期做动作试验，保证安全制动器动作的可靠性。

3）使用单位应该定期对起重机的电气控制系统进行检查、验证及清理工作，特别是工作环境恶劣的设备电气的清灰工作，确保电气控制系统灵敏、有效。

4）使用单位应该加强设备工作场所的日常管理，严格区分工作区和非工作区，各项安全管理制度应该齐全和完善，定期组织工人学习，进一步增强安全观念。

二、造船门式起重机倒塌特别重大事故

1. 事故概况

2001年7月17日8时许，在某船坞工地，由某公司承担安装的600t×170m造船门式起重机在吊装主梁过程中发生倒塌事故，造成人员重大伤亡。事故造成经济损失约1亿元，其中直接经济损失8000多万元。事故现场如图3-27所示。

2. 事故原因分析

1）施工作业中违规指挥是事故的主要原因。施工现场指挥张某在发生主梁上小车碰到缆风绳需要更改施工方案时，违反吊装工程方案中关于"在施工过程中，任何人不得随意

图 3-27 事故现场

改变施工方案的作业要求。如果有特殊情况进行调整必须通过一定的程序以保证整个施工过程安全"的规定，未按程序编制修改书面作业指令和逐级报批，在未采取任何安全保障措施的情况下，下令放松刚性腿内侧的两根缆风绳，导致事故发生。

2）吊装工程方案不完善、审批把关不严是事故的重要原因。吊装工程方案中提供的施工阶段结构倾覆稳定验算资料不规范、不齐全；对起重机刚性腿的设计特点，特别是刚性腿顶部外倾 710mm 后的结构稳定性没有予以充分重视；对主梁提升到 47.6m 时，主梁上小车碰刚性腿内侧缆风绳这一可以预见的问题未予考虑，对此情况下如何保持刚性腿稳定的这一关键施工过程更无定量的控制要求和操作要领。

吊装工程方案及作业指导书编制后，虽经规定程序进行了审核和批准，但有关人员及单位均未发现存在的上述问题，使得吊装工程方案和作业指导在重要环节上失去了指导作用。

3）施工现场缺乏统一严格的管理，安全措施不落实是事故伤亡扩大的原因。

① 施工现场组织协调不力。在吊装工程中，施工现场甲、乙、丙三方立体交叉作业，但没有及时形成统一、有效的组织协调机构对现场进行严格管理。机构职责不明，分工不清，没有起到施工现场总体的调度及协调作用，致使施工各方不能相互有效沟通。乙方在决定更改施工方案，放松缆风绳后，未正式告知现场施工各方采取相应的安全措施；甲方也未明确将作业具体情况告知乙方。

② 安全措施不具体、不落实。在制定有关安全措施时没有针对吊装施工的具体情况由各方进行充分研究并提出全面、系统的安全措施，有关安全要求中既没有对各单位在现场必要人员做出明确规定，也没有关于现场人员如何进行统一协调管理的条款。施工各方均未制定相应程序及指定具体人员对会上提出的有关规定进行具体落实。

3. 事故预防措施

1）施工现场应该制定严格的施工方案，施工方案需要经过相关部门的论证并签字确认，必要时可以组织外部专家进行技术评审，以确保施工方案的准确性。

2）加强施工现场的管理，现场组织机构设置全面、合理，各机构职责明晰；严格制定工作现场的管理制度，加强管理系统的有效运转，确保施工过程有序进行。

3）加强现场人员管理，确保一切行动听指挥。

第四章
塔式起重机安全操作技术

第一节

塔式起重机的分类及工作原理

塔式起重机（简称为塔机、塔吊）属于臂架型起重机，臂架长度较大、可回转，安装、拆卸、运输方便，适用于露天作业，是建筑施工中广泛使用的一种起重设备，同时在造船、电站设备安装及水工建筑等场合广泛使用，常见形式如图4-1所示。

图4-1　塔式起重机

一、塔式起重机的分类和主要参数

1. 塔式起重机的分类

塔式起重机类型可按变幅方式、臂架支承形式、回转方式和有无行走机构等常见方式分类。

（1）按变幅方式　按变幅方式，塔式起重机分为小车变幅塔式起重机和动臂变幅塔式起重机。小车变幅塔式起重机按臂架小车轨道与水平面的夹角大小可分为水平臂小车变幅塔式起重机和倾斜臂小车变幅塔式起重机。最为常见的是水平臂小车变幅塔式起重机，该类塔式起重机广泛应用于房屋建筑工地和市政工程工地。动臂变幅式塔式起重机主要用于电站设备的安装工地和某些超高建筑的建设工地上。具体结构形式如图4-2和图4-3所示。

图 4-2　水平臂变幅式塔式起重机

图 4-3　动臂变幅式塔式起重机

（2）按臂架支承形式　按臂架支承形式，小车变幅塔式起重机可分为平头式塔式起重机和非平头式塔式起重机，这两类设备在房屋建筑工地和市政工程工地上都得到广泛应用。

（3）按回转方式　按回转方式，塔式起重机主要分为上回转和下回转两种。上回转塔式起重机将回转支承、平衡重、主要机构均设置在上端。下回转塔式起重机将回转支承、平衡重、主要机构等均设置在下端。目前，上回转塔式起重机应用广泛。

（4）按有无行走机构　按有无行走机构，分为移动式塔式起重机和固定式塔式起重机，如图 4-4 和图 4-5 所示。移动式塔式起重机塔身固定于行走底架上，在专设的轨道上运行。

固定式塔式起重机根据装设位置的不同，又分为附着自升式和内爬式两种，附着自升式塔式起重机安装在建筑物一侧，底座固定在专门的基础上或固定在轨道上，塔身间隔一定高度用杆件与建筑物连接，依附在建筑物上，可自升自降。内爬式塔式起重机在建筑物内部（电梯井、楼梯间），支承在建筑物内部的结构上，依靠底部的爬升机构，使整机沿建筑物内通道上升。具体结构形式如图 4-6 和图 4-7 所示。

目前，常用的为固定式和自升式塔式起重机。

图 4-4　移动式塔式起重机

图 4-5　固定式塔式起重机

图 4-6　附着自升式塔式起重机

图 4-7　内爬式塔式起重机

2. 塔式起重机的主要参数

塔式起重机的技术参数是用来说明塔式起重机工作参数和规格的一些数据，是选择使用塔式起重机的主要依据。

（1）额定起重力矩　起重力矩是幅度与额定起重量的乘积，计量单位是 t·m 或 kN·m。额定起重力矩是指与基本臂最大幅度相同或相近臂长组合状态，基本臂最大幅度与相应额定起重量的乘积，是塔式起重机的重要参数，是选择塔式起重机需要考虑的第一要素。

（2）最大起重力矩　最大起重力矩是最大额定起重量与其在设计确定的各种组合臂长中所能达到的最大工作幅度的乘积，计量单位是 t·m 或 kN·m。

（3）额定起重量　额定起重量是塔式起重机在各种工作幅度下允许吊起的最大起重量，包括可分取物装置（如料斗、砖笼等）的重量。额定起重量一般根据额定起重量曲线来确定，在塔式起重机某幅度下起吊额定载荷后，只允许载荷向幅度减小的方向进行变幅，严禁载荷向幅度增加的方向进行变幅，避免产生塔式起重机整体倾覆的事故。

（4）最大起重量　最大起重量是塔式起重机在最小幅度下，允许吊起的最大重量。一般来说额定起重力矩越大，最大起重量就越大。

（5）幅度　塔式起重机回转平台的回转中心线至吊钩（空载时）中心垂线的水平距离。最大工作幅度则是指吊钩位于距离塔身最远工作位置时的水平距离。最大工作幅度决定塔式起重机的工作范围，是选择塔式起重机的一个重要因素。

（6）起升高度　起升高度是空载时，塔身处于最大高度，吊钩处于最小幅度处，塔式起重机基准面至吊钩支承面之间的垂直距离。

（7）起升速度　起升速度是起吊各稳定运行速度档位对应的最大额定起重量，吊钩上升（下降）过程中稳定运动状态下的上升速度，单位是 m/min。

（8）回转速度　回转速度是塔式起重机在最大额定起重力矩载荷状态，风速小于 3m/s，吊钩位于最大高度时的稳定回转角速度，单位是 r/min。

（9）变幅速度　变幅速度是塔式起重机在风速小于 3m/s 时，工作载荷水平位移的平均速度，单位是 m/min。

（10）塔式起重机重量　塔式起重机重量包括塔式起重机的自重、平衡重和压重的重量。

（11）运行速度　空载时，起重臂平行于轨道方向时塔机稳定运行的速度，单位是 m/min。

二、塔式起重机的组成和原理

塔式起重机一般由金属结构、工作机构、电气控制系统和安全保护装置等几部分组成。

1. 塔式起重机金属结构及作用

塔式起重机金属结构主要包括底座、塔身基础节、塔身标准节、回转平台、塔顶、起重臂、平衡臂、拉杆、司机室及附着装置等部分，如图4-8所示。

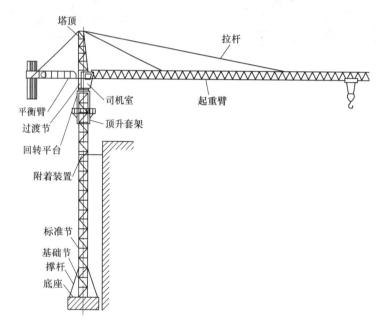

图4-8　塔式起重机金属结构示意图

（1）底座　底座安装于塔式起重机基础表面，是塔式起重机中承受全部载荷的最底部结构件。常见的底座有十字梁形、独立形、井字形等。对下回转的塔式起重机，底座上安装有回转支承；对于上回转的，底架上部与塔身连接。图4-9所示为其中一种常见的底座。

（2）塔身基础节　塔身基础节与底座连接，位于塔身下部，是塔身的一部分，其主要作用是将塔身和底座进行过渡连接，同时将塔身底部产生的压力和弯矩传递到底座。有些塔式起重机没有基础节，标准节直接安装在底座上。

图4-9　底座

（3）塔身标准节　塔身标准节是塔身的主体部分，节间用高强度螺栓连接，是塔式起重机的主要受力构件，主要承载塔式起重机吊运载荷产生的压应力和弯曲应力、风载荷产生的弯曲应力及回转机构产生的扭转应力等载荷，是塔式起重机最重要的金属构件。

常见的塔身标准节是焊接成整体的形式，其安装、拆卸方便快速，在搬运、堆放过程中不易产生变形，如图 4-10 所示。

（4）回转平台　回转平台由回转下支座、回转支承、回转上支座组成，如图 4-11 所示。回转下支座与回转支承的外圈连接，回转上支座与回转支承的内圈连接，连接螺栓均为高强度螺栓。其主要作用是利用回转上支座上安装的回转机构，驱动回转上支座及以上结构部分随着回转支承的内圈转动，实现塔式起重机的旋转运动。

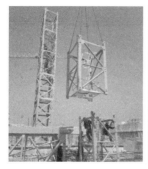

图 4-10　塔身标准节

图 4-11　回转平台

（5）回转过渡节　回转过渡节安装在回转上支座的上面，与回转上支座用高强度螺栓连接，回转过渡节是能够转动的。其主要作用是将塔顶、起重臂、平衡臂进行连接，使其成为一个整体。

有些厂家的塔式起重机没有独立的回转过渡节，将其与回转上支座做成一体。

（6）塔顶　塔顶有两种结构：一种是塔帽式的，安装于回转过渡节的上部，通常用轴销与回转过渡节刚性连接，称为直塔帽，应用比较广泛；另一种是桅杆式的，安装在起重臂的根部，与起重臂铰接，称为斜塔帽，在某些特定的场合进行应用。塔顶的主要作用是悬挂平衡臂拉杆和起重臂拉杆的结构件，将起重臂和平衡臂连接成一个整体，如图 4-12 所示。

（7）拉杆　拉杆分为起重臂拉杆和平衡臂拉杆，通常用圆钢或条状钢板制成，一般拉杆分成若干段，段间用轴销连接，如图 4-12 所示。其主

图 4-12　塔顶和拉杆

要作用是将起重臂、平衡臂的一端斜拉在塔顶上，将其组成一个整体。起重臂拉杆用轴销连接，通常设置有前、后两根；两根平衡臂拉杆并列排列，分别拉在平衡臂两侧的弦杆上。

（8）起重臂　起重臂安装于回转过渡节的前面，用两根轴销与回转过渡节铰接。起重臂通常为三角形截面，两根下弦杆是起重小车运行的轨道，如图 4-13a 所示。起重臂是塔式起重机重要的金属结构件，承载吊运载荷产生的弯曲应力，且在吊臂上安装有变幅机构，实现小车在臂架上的变幅运行，进而实现载荷的远距离运输。

（9）平衡臂 平衡臂又称配重臂，一端与回转过渡节相连，另一端挂有平衡重。平衡臂有两种形式：塔顶是塔帽式的，用两根轴销将平衡臂与回转过渡节铰接；塔顶是桅杆式的，用四根轴销将平衡臂与回转过渡节刚性连接。平衡臂主要作用是安装起升机构及配重，平衡抵消起重臂的吊运载荷，提升塔式起重机的稳定性，如图4-13b所示。

a) 起重臂

b) 平衡臂

图4-13 起重臂和平衡臂

（10）司机室 司机室是塔式起重机司机的工作场所，通常安装在回转过渡节右侧上支座的操作平台上，如图4-14所示。

（11）附着装置 塔式起重机根据设计要求处于独立式工作状态时，不安装附着装置；当塔式起重机安装高度大于独立安装高度时安装附着装置，如图4-15所示。

附着装置的作用是将作用于塔身的弯矩、水平力和转矩传递到建筑物上，减小塔身的计算长度，增强塔身的压弯稳定性。

图4-14 司机室

图4-15 附着装置

2. 塔式起重机金属结构安全技术要求

1）塔式起重机主要承载结构件由于腐蚀或磨损而使结构的计算应力提高，当超过原计算应力的15%时应予报废。对无计算条件的，当腐蚀深度达原厚度的10%时应予报废。

2）塔式起重机主要承载结构件如塔身、起重臂等，失去整体稳定性时应报废。如果局部有损坏并可修复的，则修复后不能低于原结构的承载能力。

3）塔式起重机的结构件及焊缝出现裂纹时，应根据受力和裂纹情况采取加强或重新施焊等措施，并在使用中定期观察其发展。对无法消除裂纹影响的应予以报废。

4）塔式起重机主要承载结构件的正常工作年限按使用说明书要求或按使用说明书中规定的结构工作级别、应力循环等级、结构应力状态计算。若使用说明书未对正常工作年限、结构工作级别等进行规定，且不能得到塔式起重机制造商确定的，则塔式起重机主要承载结构件的正常使用次数不应超过 1.25×10^5 次工作循环。

5）自升式塔式起重机结构件，如塔身标准节、起重臂节、拉杆和塔帽等应具有可追溯出厂日期的永久性标志。同一塔式起重机的不同规格的塔身标准节应具有永久性的区分标志。

6）自升式塔式起重机出厂后，后续补充的结构件（塔身标准节、预埋节、基础连接件等）在使用中不应降低原塔式起重机的承载能力，且不能增加塔式起重机结构的变形。

3. 塔式起重机工作机构及原理

塔式起重机工作机构包括起升机构、变幅机构、回转机构、运行机构和液压顶升机构等，具体分析如下：

（1）起升机构　塔式起重机起升机构主要由起升卷扬机、钢丝绳、滑轮组和取物装置等组成，用于实现重物垂直运动。塔式起重机的起升高度大，可达百米以上。为实现重载低速、轻载高速的目的，塔式起重机的起升机构一般均具有调速性能；为了符合重物安装就位的要求，起升机构应具有高速起升，自由落钩，慢就位的性能，起升机构如图4-16所示。

图4-16　起升机构

（2）变幅机构　变幅机构用于改变吊物至塔身的距离，即塔式起重机的工作幅度，如图4-17所示。小车变幅牵引机构由变幅卷扬机、牵引钢丝绳、导向滑轮和变幅小车等组成。当卷扬机卷筒顺时针方向旋转时，卷筒收绕前绳放出后绳，拖动小车向前运行。卷筒逆时针方向旋转时，卷筒收绕后绳放出前绳，拖动小车向后运行。

变幅小车上必须设置小车断绳保护装置和小车断轴保护装置。

（3）回转机构　回转机构是实现起重臂绕塔式起重机中心线回转的工作装置，使吊物能够以塔式起重机中心线进行水平圆周运动，从而把塔式起重机的作业范围扩大为一个空间，如图4-18所示。回转机构主要由回转电动机、减速器、回转主动齿轮及回转被动齿圈组成，回转电动机带动回转主动齿轮通过开式传动的方式带动回转齿圈旋转，齿圈带动回转上支座转动，实现塔式起重机的回转。

图4-17　变幅机构

图4-18　回转机构

（4）运行机构　运行机构是使塔式起重机沿一定方向运动的工作装置，对于建筑用塔式起重机，一般是轨道式，如图 4-19 所示。塔式起重机沿铺设的轨道往返行走，特别适合长度较大的建筑施工。塔式起重机运行机构一般由电动机、减速器、制动器、传动轴、联轴器和驱动车轮等零部件组成，其运行原理与桥式或门式起重机大车运行原理基本相同。

（5）液压顶升机构　液压顶升机构用于塔式起重机的安装、拆卸，加装标准节及拆卸标准节。液压顶升机构由液压泵、高压油管、顶升液压缸和顶升横梁等组成，如图 4-20 所示。

图 4-19　行走机构

图 4-20　液压顶升机构

4. 塔式起重机机构安全技术要求

1）动力驱动的起升机构应能使载荷以可控制的速度上升或下降。不应有单独靠重力下降的运动。

2）动力驱动的动臂变幅机构应能使臂架和载荷以可控制的速度变幅。不应有单独靠重力下降的运动。

3）小车变幅机构应能使变幅小车带着载荷在水平或倾斜的臂架上运行。小车变幅机构应能使小车带着载荷沿塔机臂架结构以可控制的速度双向运动（无论臂架斜度如何）。不应有单独靠重力作用的运动。

4）如果塔式起重机安装有运行机构，则运行机构应能使塔式起重机在直线轨道或特制的曲线轨道上运行。运行机构至少应在两个支脚上提供驱动力，车轮直径和数量应满足各支脚承载要求。塔式起重机应装有非工作状态用的抗风防滑锚定装置。

5）回转机构应能使臂架和载荷在正常工作风力作用下可控回转。宜采用集电器供电，不使用集电器时，应设置限位器限制臂架两个方向的旋转角度。

6）零部件的特殊安全要求

① 在塔式起重机工作时，承载钢丝绳的实际直径不应小于 6mm。塔式起重机起升钢丝绳宜使用不旋转钢丝绳。未采用不旋转钢丝绳时，其绳端应设有防扭装置。

② 卷筒两侧边缘超过最外层钢丝绳的高度不应小于钢丝绳直径的 2 倍。钢丝绳在卷筒上的固定应安全可靠，钢丝绳在放出最大工作长度后，卷筒上的钢丝绳至少应保留 3 圈。

5. 塔式起重机电气控制系统及基本要求

塔式起重机一般采用电力驱动，外接电源供电，各工作机构由电动机分别驱动。供电电源一般采用 380V、50Hz，三相五线制供电，工作零线和保护零线分开。塔式起重机的控制系统包括电源箱、操作装置和安全保护装置，有些塔机还配有安全监控系统，操作装置由电气控制设备和操作机构组成，控制塔机各工作机构的运动，完成塔式起重机作业所要求的各种动作。

塔式起重机司机室内安装有联动控制台，联动台有两个手柄，一般是左手控制回转和变幅，右手控制行走和升降，如图4-21所示。

图4-21　联动控制台

塔式起重机电气控制系统基本要求如下：

1）当塔式起重机电气线路额定电压不大于500V时，主电路和控制电路的对地绝缘电阻不能小于0.5MΩ。

2）采用TN（保护接地）系统，零线非重复接地的接地电阻应不大于4Ω；采用TN系统，零线重复接地的接地电阻应不大于10Ω；采用TT（接零保护）系统，剩余电流断路器动作电流与接地电阻的乘积应不大于50V。

3）塔式起重机应设有短路、过电流、欠电压、过电压及失电压保护，零位保护，电源错相及断相保护装置，以保证供电质量，最好自备专用变压器和稳压电源设备。

4）电器柜或配电箱应防雨、防尘，以防止自然环境对电器元件的损坏；应配备门锁以及警示标志，禁止随意打开箱门；门内应有原理图或布线图，方便维修人员维护检查。

5）零线和接地线必须分开，接地线严禁作为载流回路。

三、塔式起重机的安全保护装置及安全技术要求

塔式起重机的安全保护装置包括起重力矩限制器、起重量限制器、各类限位器、小车防断绳和防坠落装置、爬升装置防脱功能及风速仪等装置，如图4-22所示。

图4-22　塔式起重机安全保护装置

1. 起重力矩限制器

起重力矩限制器是塔式起重机上最重要的安全装置，它的作用是限制塔式起重机作业时的实际起重力矩不得超过额定起重力矩，防止塔式起重机超负荷工作，保证其安全，如图 4-23 所示。安装起重力矩限制器的结构杆件由于受到拉伸或压缩的力而产生弹性变形，这一变形导致起重力矩限制器的双金属板构造变形，两块金属板互相靠近，其中一块金属板装有顶丝，而另一块板的相应位置装有微动开关。顶丝压迫微动开关，即

图 4-23 起重力矩限制器

产生相应电气动作，切断起升运动。常见的有拉伸式起重力矩限制器和压缩式起重力矩限制器，前者适用于塔帽式塔式起重机，它焊接在塔帽的后弦杆上；后者焊接在塔帽的前弦杆，或桅杆式塔式起重机平衡臂的上弦杆上。

当起重力矩大于相应工况下的额定值并小于该额定值的 110% 时，应切断上升和幅度增大方向的电源，但机构可做下降和减小幅度方向的运动。

对小车变幅的塔式起重机，其最大变幅速度超过 40m/min，在小车向外运行且起重力矩达到额定值的 80% 时，变幅速度应自动转换为不大于 40m/min 的速度运行。

2. 起重量限制器

起重量限制器也是塔式起重机上最重要的安全装置之一，塔式起重机结构及起升机构是按照最大载荷设计计算的，工作载荷不能超过允许的最大载荷，起重量限制器是防止塔式起重机作业时起升载荷超载的一种安全装置，以避免发生严重的机械事故。起重量限制器是安装在司机室上方的"称重滑轮"（也称测力环）之内，如图 4-24 所示，起升钢丝绳穿过起重量限制器滑轮，使其受到方向为斜上方的拉力，这一拉力导致测力环内的双金属板构造变形，两块金属板互相靠近，其中一块金属

图 4-24 起重量限制器

板装有顶丝，而另一块板的相应位置装有微动开关。顶丝压迫微动开关，即产生相应电气动作，切断起升运动。

当起重量大于额定值小于额定值的 110% 时，应切断上升方向的电源，但机构可做下降方向的运行。

3. 限位器

塔式起重机上的行程限位器主要包括起升高度限位器、回转限位器、幅度限位器和行走限位器。

（1）起升高度限位器 塔式起重机的起升高度限位器主要是螺杆式，由限位开关和旋转螺杆组成，将限位器安装在起升机构卷筒的轴端，限位器的输入轴与卷筒同步转动。当起升机构工作时，卷筒转动的圈数被记录下来，在吊钩接近载重小车或接近地面时，记忆凸轮使微动开关动作，切断起升机构上升或下降方向的电源，如图 4-25 所示。

塔式起重机应安装吊钩上极限位置的起升高度限位器；吊钩下极限位置的限位器可根据

用户要求设置。

（2）回转限位器　对回转部分不设集电器的塔式起重机，应设置正反两个方向回转限位开关。回转限位开关的作用是防止塔式起重机连续向一个方向转动，把电缆扭断发生事故。

常见的回转限位器由限位器和小齿轮组成，如图4-26所示。将限位器安装在回转上支座上，限位器的输入轴上安装一只小齿轮，小齿轮与回转支承的齿轮啮合。塔式起重机转动时，回转限位器随着塔式起重机上部结构绕着回转支承公转，而小齿轮则在自转，带动限位器的输入轴转动。限位器的工作原理及调试方法与起升高度限位器相同。

塔式起重机回转部分在非工作状态下应能自由旋转；对有自锁作用的回转机构，应安装安全极限力矩限制器。

图4-25　起升高度限位器

图4-26　回转限位器

（3）幅度限位器　对于水平臂小车变幅的塔式起重机，幅度限位器（见图4-27）又称小车行程限位开关，其用途是限制小车在起重臂上的移动范围；对于动臂式的塔式起重机在臂架低位置和高位置都有幅度限位开关，以防止臂架反弹后翻造成事故。动臂式塔式起重机一般在A字架上还装有吊臂弹性缓冲装置。

（4）行走限位器　轨道式塔式起重机行走机构应在每个运行方向设置行走限位器。在轨道上应安装限位开关撞尺，其安装位置应充分考虑塔式起重机的制动行程，保证其在与止挡装置或与同一轨道上其他塔式起重机相距大于1m处能完全停住，此时电缆还应有足够的富余长度。

图4-27　幅度限位器

4. 小车断绳保护装置

当变幅钢丝绳折断时，安装于变幅小车上的断绳保护装置在重力的作用下，自动翻转成垂直状态，受到起重臂底面缀条的阻挡，使小车不能沿着起重臂轨道向前或向后滑行，如图4-28所示。

对于小车变幅式塔机，为了防止由于小车牵引钢丝绳断裂导致小车失控而产生撞击，甚至引发超载等严重的意外事故，变幅的双向均应设置小车断绳保护装置。

图 4-28　小车断绳保护装置

5. 小车断轴保护装置

小车断轴保护装置是在小车上焊接 4 个悬挂装置，当小车正常运行时，这 4 个悬挂装置位于起重臂轨道的上方，当小车轮轴折断时，悬挂装置搁置在起重臂轨道上，使小车不致坠落，如图 4-29 所示。

小车断轴保护装置的作用主要是防止载重小车因滚轮轴断裂后从高空坠落引发事故。小车变幅的塔式起重机，应设置变幅小车断轴保护装置。

6. 风速仪

塔式起重机的整体稳定性、结构强度及机构的工作能力都与风载荷有直接关系。因此，起重臂根部铰点高度大于 50m 的塔式起重机应在塔式起重机顶部的不挡风处配备风速仪，如图 4-30 所示。当风速大于工作极限风速时，应能发出停止作业的警报。

图 4-29　小车断轴保护装置　　　　　　　　图 4-30　风速仪

7. 钢丝绳防脱装置

滑轮、起升卷筒均应设有钢丝绳防脱装置，该装置表面与滑轮或卷筒侧板边缘间的间隙不应超过钢丝绳直径的 20%，装置可能与钢丝绳接触的表面不应有棱角，如图 4-31 所示。同时，吊钩应设有防钢丝绳脱钩的装置。滑轮、起升卷筒设置防脱装置的目的是防止其在工

图 4-31　钢丝绳防脱钩装置

作过程中钢丝绳脱出绳槽而产生事故。卷筒钢丝绳防脱装置的做法可以在卷筒的最外部焊钢筋，形成护网或焊绕卷筒半周的钢板进行防护，避免钢丝绳在卷筒上排列过高时发生咬绳断绳事故。滑轮钢丝绳防脱装置一般在滑轮外侧焊接防脱钢筋，形成钢筋护圈，防止钢丝绳脱出绳槽而发生咬绳事故。吊钩防脱钩要求参见本书第二章第五节内容。

8. 爬升防脱装置

自升式塔式起重机应具有可靠的防止在正常加节、降节作业时，爬升装置从塔身支承中或液压缸头从其连接结构中自行（非人为操作）脱出的功能。

9. 缓冲器、止挡装置

塔式起重机行走和小车变幅的轨道行程末端均需设置止挡装置。缓冲器安装在止挡装置或塔式起重机（变幅小车）上，当塔式起重机（变幅小车）与止挡装置撞击时，缓冲器应使塔式起重机（变幅小车）较平稳地停止而不产生猛烈的冲击。

10. 清轨板

轨道式塔式起重机的台车架上应安装排障清轨板，清轨板与轨道之间的间隙不应大于5mm。

11. 电气保护装置

1）塔式起重机应该设置短路、过电流、欠电压、过电压及失电压保护，零位保护，电源错相及断相保护，具体保护形式及概念参见本书第二章第五节内容。

2）塔式起重机应设置非自动复位的、能切断总控制电源的紧急断电开关。该开关应设在司机操作方便的地方。

3）塔式起重机电源进线处宜设主隔离开关或采取其他隔离措施。隔离开关应有明显标记。

4）各限位器应能可靠地停止机构的运动，但机构可做相反方向的运动。

四、塔式起重机其他安全技术要求

1）进行安装、拆卸、加节或降节作业时，塔式起重机的最大安装高度处的风速不应大于13m/s，当有特殊要求时，按用户和制造厂的协议执行。

2）塔式起重机的尾部与周围建筑物及其外围施工设施之间的安全距离不小于0.6m。

3）两台塔式起重机之间的最小架设距离应保证处于低位塔式起重机的起重臂端部与另一台塔式起重机的塔身之间至少有2m的距离；处于高位塔式起重机的最低位置的部件（吊钩升至最高点或平衡重的最低部位）与低位塔式起重机中处于最高位置部件之间的垂直距离不应小于2m。

4）小车变幅的塔式起重机在起重臂组装完毕准备吊装之前，应检查起重臂的连接销轴、安装定位板等是否连接牢固、可靠。当起重臂的连接销轴轴端采用焊接挡板时，则在锤击安装销轴后，应检查轴端挡板的焊缝是否正常。

第二节　塔式起重机安全操作规程

一、塔式起重机司机的职责

1）严格执行塔式起重机有关安全管理制度，遵守施工现场的安全管理规定，按照操作规程进行操作。

2）积极参加用人单位或者专业培训机构开展的塔式起重机安全教育和技能培训；参加并通过特种设备作业人员考试机构的考试，经发证机关审核发证后方可上岗。

3）做好塔式起重机作业前检查、试运转，及时做好班后整理工作。

4）做好试运行检查记录、设备运转记录，按照规定填写作业、交接班等记录。

5）应该与地面指挥人员密切配合，正确判断指挥信号，严格按照指挥信号的指示进行操作；严禁违章操作，坚决做到"十不吊"，保障操作安全。

6）对塔式起重机进行经常性日常检查和维护保养，对发现的异常情况及时处理并且记录。

7）在塔式起重机作业过程中若发现事故隐患或者其他不安全因素，应当立即采取紧急措施并且按照规定的程序向塔式起重机安全管理人员和单位有关负责人报告。

8）参加应急演练，掌握相应的应急处置技能。

二、塔式起重机安全操作规程

司机应了解塔式起重机的基本工作原理，熟悉其基本构造、各安全装置的作用及调整方法，掌握设备各项性能。塔式起重机由取得起重机司机（Q2，限塔式起重机）资格证书的人员操作，非司机人员不得操作，作业时应有专人指挥，司机在酒后及患病时不得上岗操作。

1. 塔式起重机作业前应安全检查

1）检查塔式起重机连接螺栓应不松动，各转动机构应正常，钢丝绳磨损情况应符合规定。

2）检查塔式起重机的制动器、起重力矩限制器、起重量限制器、各类限位器及其他必需的安全保护装置，必须齐全完整、动作灵敏可靠。

3）起吊前应进行空载运转，检查行走、回转、起升和变幅等各机构的制动器、安全限位器及防护装置是否符合要求，确认正常后方可作业。

4）做好各项检查的记录工作。

2. 作业时安全操作要求

1）操作各控制器时应依次逐级操作，严禁越档操作，严禁突然打反车和突然制动的操作；在变换运转方向时，应将控制器转到零位，待电动机停止转动后，再转向另一方向，操作时应该柔和平稳，严禁急开急停。

2）作业时，应将司机室窗户打开，密切注视指挥信号，严格按照指挥信号的要求操作，司机室内应有防火、防触电安全措施。

3）起吊作业时，重物下方不得有人停留或通过。

4）雨雪天允许作业时，应先试吊，确认制动器灵敏可靠后方可进行作业。

5）有物品悬挂在空中时，司机与起重机指挥人员不得离开工作岗位。

6）多台塔式起重机共同作业时，应注意保持各塔式起重机的操作距离，且要求各塔式起重机吊钩上所悬挂重物的距离不得小于3m。

7）塔式起重机严禁在以下十种情况中起吊作业：

① 指挥信号不明或乱指挥。

② 超载或物体重量不清。

③ 吊装的物体紧固、捆扎不牢。

④ 吊装物体上有人或浮置物。

⑤ 安全装置失灵。

⑥ 光线昏暗，无法看清场地。

⑦ 埋植物体或与别的物体有牵连。

⑧ 斜拉物体。

⑨ 重物棱角处与钢丝绳之间未加衬垫。

⑩ 六级以上大风或大雨、大雾、雷雨天等恶劣天气。

3. 作业后的安全操作要求

1）作业完毕，吊钩、小车应移到吊臂根部，臂杆不应过高，松开回转制动器，能够保证回转部分在非工作状态下随风自由转动，卡紧夹轨器或者锚定装置，切断电源。

2）认真做好起重机的使用、维修、保养和交接班的记录工作。

3）作业后对机械进行维修保养，做好设备的清洁、润滑、调整、紧固及防腐工作。

4）服从现场安全管理人员的管理。

第三节

塔式起重机日常检查和维护保养

一、塔式起重机日常检查要求

1. 塔式起重机运行前的检查要求

1）上班必须进行交接班手续，检查塔式起重机交接班记录等的填写情况及记载事项。

2）检查各主要螺栓的紧固情况，焊缝及主角钢有无裂纹、开焊等现象。

3）检查机械传动的齿轮箱、液压油箱等的油位是否符合标准。

4）检查吊钩、滑轮、钢丝绳磨损情况是否符合标准；检查安全保护装置（起重力矩限制器、起重量限制器、各限位及防脱钩等）动作是否灵敏、可靠及有效。

5）检查操作系统、电气系统接触是否良好，有无松动及导线裸露等现象。

6）配电箱在送电前，联动控制器应在零位。合闸后，检查金属结构部分无漏电方可上机。

7）所有电气系统必须有良好的接地保护。塔式起重机的金属结构、轨道、所有电气设备的金属外壳、金属线管、安全照明的变压器低压侧等均应可靠接地，工作零线应与塔式起重机的接地线严格分开。

8）塔式起重机作业场地的周围环境不应有影响其运行的障碍物，任何部位如臂架等距输电线的最小距离应不小于规定距离。

9）塔式起重机操作前应进行空载运转或试运行，确认无误后方可投入使用。

2. 塔式起重机运行后检查要求

1）塔式起重机停止操作后，必须使起重臂顺风向停机。

2）凡是回转机构带有常闭式制动装置的塔式起重机在停止操作后，司机必须扳开手柄，松开制动，以便起重机能在大风吹动下顺风向转动。

3）应将吊钩起升到距起重臂最小距离不大于5m的位置，吊钩上严禁吊挂重物。在未采取可靠措施时，不得采用任何方法，限制起重臂随风转动。

4）必须将各控制器拉到零位，拉下配电箱总闸，收拾好工具，关好操作室及配电室（柜）的门窗，拉断其他闸箱的电源，打开高空指示灯。

5）在无安全防护栏杆的部位进行检查、维修、加油和保养等工作时，必须系好安全带。

6）作业完毕后，吊钩小车及平衡重应移到非工作状态位置上。

二、塔式起重机维护保养要求

1. 维护

塔式起重机运行时出现故障或磨损，应通过维修和更换零部件使其恢复正常工作，维护工作应做到以下几点：

1）维护工作应由专业维修技术人员进行，维修更换的零部件应与原零部件的性能和材料相同。

2）结构件需焊修时，所用的材料、焊条应符合要求，焊接质量应符合要求。

3）塔式起重机施工现场进行维修，处于工作状态时不准进行维修，应停机将所有控制手柄、按钮置于零位，切断电源，加锁或悬挂标志牌，专人监护进行维修工作。

2. 保养

塔式起重机应当经常进行维护和保养，传动部分应有足够的润滑油，对易损件必须经常检查、维修或更换，对机械的螺栓，特别是经常振动的零件应经常检查是否松动，如果有松动则必须及时拧紧或更换。塔式起重机维护保养内容及要求见表4-1。

表4-1　塔式起重机维护保养内容及要求

序　号	保养部位	维护保养内容及要求
1	外保养	全面清扫塔式起重机外表，做到无积灰
2	传动	1. 检查各齿轮箱、齿轮、轴，根据磨损程度换新或修复 2. 根据钢丝绳磨损程度进行保养或调换 3. 检查大、小车轮是否有啃轨现象，进行调整或修复并记录 4. 根据制动瓦块磨损程度，进行调整或调换
3	电器	定期检查电控柜，清扫灰尘，根据电气部件老化情况，调换零件并记录
4	小车	1. 检查传动轴座、齿轮箱、联轴器及轴键是否松动并加固 2. 检查调整制动器与制动轮间隙，要求均匀、灵敏可靠
5	润滑	1. 对所有轴承座、制动架、联轴器注入适当量的润滑脂 2. 检查齿轮箱油位、油质并加入新油至油位线 3. 检查油质，保持良好
6	卷扬机	1. 检查钢丝绳、吊钩及滑轮是否安全可靠 2. 检查调整抽动器，确保安全灵敏可靠
7	电气安全	1. 检查限位器是否灵敏可靠 2. 检查电控柜，清除烧毛部分，调换触头 3. 检查调整电动机、导电架，确保安全可靠 4. 检查各电气保护系统，确保灵敏、可靠和有效

塔式起重机作业典型事故案例分析

一、塔式起重机整机倾覆事故

1. 事故概况

2013 年 5 月 21 日 10 时左右,湖北省某县一建筑工地拆除塔式起重机时,发生塔式起重机倾覆事故,致 5 人死亡。事故发生时,工程处于竣工收尾阶段,事故现场如图 4-32 所示。

图 4-32　事故现场

2. 事故原因分析

(1)事故直接原因　塔式起重机设备拆除时,拆除方案未经施工总承包单位签字同意,未向监理单位报告,在拆除设备标准节过程中,拆除人员违反操作规程,在起重臂和顶升液压缸处于同一侧的状态下,反向顶升作业,导致塔式起重机上部结构整体失稳,顶升套架解体后倾覆,塔式起重机设备上 5 名作业人员坠落。

(2)事故间接原因

1)施工总承包单位对塔式起重机设备租赁、安装、使用和拆除等环节管理不到位。

2)监理人员在监理过程中履行总监职责不到位,在未认真核查资料的真实性、未核查塔式起重机设备安装单位资质和安全生产许可证是否合法有效的情况下,审核签字同意了设备的安装方案,在塔式起重机设备未经检验检测机构监督检验合格的情况下,参与了塔式起重机共同验收并签字。

3)建筑施工起重机械安全管理部门和具体安全监督机构,未认真贯彻落实有关安全生产法律法规,对安全监管工作指导、检查、督促不力。

3. 事故预防措施

1)制定详细的设备施工方案,经各相关部门审核签字确认,必要时可以进行施工方案技术评审,确保施工方案的正确性。

2)建筑行业主管部门要严格落实安全生产部门的监管责任。

3)加强建筑业行业企业安全生产主体责任的落实。

二、塔式起重机吊臂失控事故

1. 事故概况

哈尔滨市某建筑工程公司第三工区某工地,使用 QT—45 型动臂塔式起重机吊装混凝土过梁,由于过梁就位离塔式起重机较近,司机进行吊臂变幅时,吊臂突然失去控制坠落在四楼地面上,砸断空心楼板,正在四楼作业的工人甲随同楼板一起掉到三楼,摔成颅脑损伤和头骨骨折,经医院抢救无效死亡。

2. 事故原因分析

1)变幅机构的减速器与电动机轴连接法兰盘上 8 个 M12 的连接螺栓全部剪断。从断口上看，色泽不一，可知螺栓显然不是在同一时期剪断的。由于这组螺栓是粗制螺栓，且螺孔直径误差过大，螺栓组无法共同工作，故在塔式起重机使用过程中被逐个剪断。

2）在塔式起重机使用过程中，司机在操作变幅机构时常打反车，使吊臂突然上仰或下俯，产生很大的冲击力矩使法兰盘上的承载螺栓剪断。当8个螺栓全部剪断时，变幅卷筒与电动机轴脱开呈自由状态，吊臂靠自重急速下坠，导致事故发生，事故现场如图4-33所示。

图4-33　事故现场

3. 事故预防措施

1）变幅机构卷筒法兰盘螺栓组失效是由于设计者或制造者在此连接上错误地采用粗制螺栓，使螺栓组无法共同工作，螺孔直径的偏差过大更加剧了这现象。在此重要的受力构件上，应采用精制螺栓或有预紧力的高强度螺栓连接。因此，在设计、制造中必须严格执行国家有关技术标准，以避免事故的发生。

2）加强对塔式起重机司机的安全教育和技能培训，要求司机严格按照操作规程要求操作，严禁野蛮操作。

第五章
门座起重机安全操作技术

根据《特种设备目录》规定，门座式起重机分为门座起重机和固定式起重机两个品种；其中，固定式起重机就是门形机座没有安装运行机构的门座式起重机。本章介绍门座起重机。

门座起重机的基本组成及工作原理

门座起重机是沿地面轨道运行，下方可通过铁路或其他地面车辆，能够回转且安装在门形座架上的臂架型起重机，广泛应用于码头货物的装卸、造船厂船舶分段制造过程的拼装及大型水电站工地的建坝工程等场所，是实现生产机械化不可缺少的重要装备。

门座起重机的工作机构具有较高的运转速度，起升速度可达 1.17m/s，变幅速度可达 0.92m/s；使用率高，每昼夜可达 22h，台时效率高，一般可达 100t/h 以上。门座起重机的结构是立体的，具有高大的门架和较长距离的伸臂，具有较大的起升高度和工作幅度。

门座起重机由上部回转和下部运行两部分组成，回转部分安装在一个高大的门形底架（门架）上，相对于运行部分可实现360°任意回转；运行部分可以沿轨道运行，是门座起重机的主要承载结构。门座起重机的回转部分包括臂架系统、人字架、回转平台、司机室等，安装有起升机构、变幅机构和回转机构；运行部分主要由门架结构和运行机构组成，安装有大车运行机构。具体组成如图5-1所示。

图 5-1 门座起重机基本组成

一、门座起重机的分类和主要参数

1. 门座起重机分类

根据 GB/T 29560—2013《门座起重机》的规定,按照臂架结构、门架结构、回转支承形式以及用途和使用场合的分类如下:

(1)按臂架结构分

1)刚性拉杆式组合臂架式门座起重机,如图 5-2a、b、c 所示。

2)柔性拉索式组合臂架式门座起重机,如图 5-3 所示。

3)单臂架式门座起重机,如图 5-4a、b 所示。

(2)按门架结构分

1)圆筒式门座起重机,如图 5-2a 所示。

2)交叉式门座起重机,如图 5-2b 所示。

3)撑杆式门座起重机,如图 5-2c 所示。

4)桁架式门座起重机,如图 5-4a 所示。

(3)按回转支承的形式分

1)转盘式回转支承门座起重机,如图 5-2a 所示。

2)柱式回转支承门座起重机,如图 5-2b 所示。

(4)按用途和使用场合分

1)港口门座起重机,如图 5-4a、图 5-5 及图 5-6 所示。

2)船厂门座起重机,如图 5-2c 所示。

3)水利电力门座起重机,如图 5-7 所示。

a) 圆筒式门座起重机　　b) 交叉式门座起重机　　c) 撑杆式门座起重机

图 5-2　刚性拉杆式组合臂架式门座起重机

图 5-3　柔性拉索式组合臂架式门座起重机

a) 桁架式门座起重机　b) 固定式单臂架式门座起重机

图 5-4　单臂架式门座起重机

图 5-5　带斗门座起重机　　　图 5-6　集装箱门座起重机　　　图 5-7　水利电力门座起重机

2. 门座起重机的主要参数

门座起重机的技术参数是说明其工作性能的指标，是设计和选用起重机的依据，主要参数有额定起重量（t）、额定起重力矩（t·m）、整机工作级别、最大幅度/最小幅度（m）、起升高度/下降深度（m）、门腿净空高度（m）、整机高度/整机最大高度（m）、整机设计重量（t）、起升速度（m/min）、变幅机构的变幅速度（m/min）、回转机构的回转速度（m/min）和运行机构的速度（m/min）等。

（1）额定起重量　是指门座起重机正常工作时所允许的最大起吊净质量。当起重量较大时，门座起重机配有两套起升机构，起重量较大的称为主起升机构或主钩，起重量较小的称为副起升机构或副钩，副钩的起升速度较快，可提高吊运较小载荷的效率。门座起重机主、副钩起重量的匹配一般为 3:1 ~ 5:1。

（2）额定起重力矩　是指门座起重机幅度与其相应幅度下最大起重量的乘积。额定起重力矩是表征门座起重机工作性能的重要参数，是设计和选用门座起重机的重要依据。

（3）幅度　是指门座起重机旋转中心线至取物装置中心线之间的距离，用"R"表示。当起重臂外伸处于最远极限位置时，从起重机旋转中心到取物装置中心线中间的距离称为最大幅度（R_{max}）；当起重臂收回处于最近极限位置时，从起重机旋转中心到取物装置中心线之间的距离称为最小幅度（R_{min}）。

（4）工作级别　是指门座起重机工作过程中载荷状态和利用等级的组合，根据用途的不同差别较大，工作级别一般为 A1 ~ A8。

（5）起升速度　是指门座起重机在稳定运行状态下，额定工作载荷的垂直位移速度。

（6）变幅速度　是指门座起重机在稳定运行状态下，额定工作载荷在变幅平面内从最大幅度到最小幅度过程中水平位移的平均速度。

（7）回转速度　是指门座起重机在稳定运行状态下，带额定工作载荷于相应最大幅度处，回转部分的回转转速。回转速度的选取应综合考虑幅度、吨位等因素。推荐满载、大幅度时的回转速度取额定回转速度的 0.6 ~ 0.7 倍。

（8）运行速度　是指门座起重机在稳定运行状态下，不带载（港口门座起重机和水利电力门座起重机）或带额定工作载荷（船厂门座起重机）沿水平路径运行速度。

二、门座起重机的基本组成和原理

门座起重机主要由金属结构、工作机构、电气控制系统及安全保护装置等部分组成。

1. 门座起重机金属结构组成和作用

（1）门架　门架结构支承着回转部分的全部自重和所有外载荷，对整个门座起重机的稳定性有重要意义，为保证门座起重机正常平稳运转，门架结构必须具备足够的强度及刚度，同时还起到带动门座起重机整体运行的作用。门架结构主要分为转柱式门架、大轴承式门架以及定柱式门架，具体分析如下：

1）转柱式门架结构：转柱式门架包括八杆门架和交叉门架。

① 八杆门架。该门架顶部是一个圆环结构，其上装有环形轨道和大齿轮，在圆环下面是由八根撑杆组成的对称的空间桁架结构，如图5-8所示。

② 交叉门架。这种门架是由两片平面刚架交叉组成的空间结构，其顶面为大圆环，其上装有环形轨道和大齿轮。门架当中有一个十字横梁，在横梁的交叉处装有转柱下支承的球铰轴承。在门座起重机轨道的同侧平面内，用拉杆把两条门腿相连在一起，以增加门架的空间刚度，如图5-9所示。

2）大轴承式门架结构：这类门座起重机的上部回转部分，通过大型滚动轴承式回转支承装置直接支承在门架上。这种门架的圆筒高度比门腿结构的高度还高些，如图5-10所示。

图5-8　八杆门架　　　　　图5-9　交叉门架　　　　图5-10　大轴承式门架

（2）人字架、回转平台和转柱

1）人字架。门座起重机为了支承臂架，增加臂架吊运和变幅的稳定性，一般都设有人字架，变幅机构的推杆、组合臂架的拉杆及其对重杠杆等都与人字架相连，支承在回转平台上，如图5-11所示。

2）回转平台和转柱。回转平台的金属结构由两根纵向主梁、横梁和平板组成，其结构为箱形或工字形，主要起到支撑臂架、人字架、起升机构及回转机构等作用。回转平台与转柱相连接，转柱一般是薄壁箱形结构，刚度大、自重轻，主要是将门座起重机的门架和转台进行连接，提升门座起重机的作业高度范围，如图5-11所示。

（3）臂架　臂架系统是门座起重机把货物传递到回转平台的主要构件。根据设备的主要参数、用途和设计要求，臂架系统分为单臂架系统和组合臂架系统。

1）单臂架系统主要是柔性拉索变幅的单臂架，其设有臂架平衡装置，变幅钢丝绳固定于臂架头部，依靠柔性拉索的收进与放出实现臂架的俯仰，主要用于水利电力门座起重机，如图5-12所示。

2）组合臂架系统可分为柔性拉索式和刚性拉杆式两种典型结构。柔性拉索式组合臂架系统采用钢丝绳作为拉杆，并借助象鼻架尾部一定几何尺寸形状的曲线，实现变幅过程中货物的水平移动，如图5-3所示；刚性拉杆式组合臂架是由象鼻架、刚性拉杆及臂架三部分通过铰轴组合而成，并与机架拼成四连杆机构，以实现变幅过程中货物的水平移动，如图5-13所示。

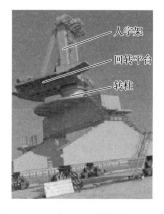

图5-11　人字架、回转平台和转柱　　图5-12　单臂架系统　　图5-13　刚性拉杆式组合臂架

2. 门座起重机金属结构安全技术要求

1）门座起重机金属结构设计时要满足使用过程中的强度、刚度、稳定性和其他有关安全性方面的要求。

2）门座起重机主要受力构件（起重臂、门架、人字架、回转平台、转柱和象鼻梁等）无明显变形，如发现不能满足安全技术规范及其相应标准等要求时，应予以报废。

3）门座起重机金属构件的连接焊缝无明显可见的焊接缺陷，螺栓和销轴等连接无松动、无缺件、损坏等缺陷。

4）门座起重机主要受力构件失去整体稳定性时不应修复，应报废。

5）门座起重机主要受力构件发生腐蚀时，应进行检查和测量。当主要受力构件断面腐蚀达到设计厚度的10%时，如果不能修复应报废。

6）门座起重机主要受力构件产生裂纹时，应根据受力情况和裂纹情况采取阻止措施并采取加强或改变应力分布措施，或停止使用。

7）门座起重机主要受力构件产生塑性变形导致工作机构不能正常安全运行时，如果不能修复应报废。

3. 门座起重机的工作机构及原理

（1）起升机构　门座起重机的起升机构主要由驱动装置、传动装置、卷绕系统、取物装置、制动装置和辅助装置组成。传动装置是电动机将高转速、小转矩的动力转变为低转速、大转矩的动力并驱动卷筒转动的装置。卷绕系统主要包括钢丝绳、滑轮组和卷筒等，钢丝绳依次绕过各卷绕元件（卷筒和滑轮）形成卷绕系统，其作用是通过卷筒的转动，收放钢丝绳实现取物装置连同货物的升降运动。取物装置是起升机构中用来抓取货物的装置。常用的取物装置有吊钩、抓斗及集装箱专用吊具等。制动装置主要是常闭式工作制动器，其与电动机的高速轴连接，起到正常工作时的制动作用。起升机构的组成如图5-14所示。

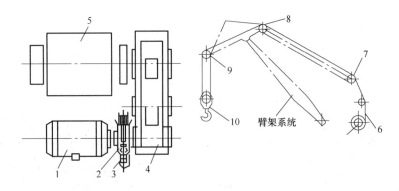

图 5-14　起升机构组成

1—电动机　2—制动轮及联轴器　3—制动器　4—齿轮减速器　5—卷筒组　6—钢丝绳
7—人字架导向滑轮　8—象鼻梁尾部导向滑轮　9—象鼻梁头部滑轮　10—吊钩装置

（2）变幅机构　变幅机构是门座起重机用来实现臂架俯仰以改变工作幅度的机构，它主要有两方面的作用：一是在满足起重机工作稳定性的条件下，改变幅度以调整起重机有效起重量或调整取物装置工作位置；二是在起重量的最大幅度与最小幅度之间运移货物，以扩大起重机的作业范围。

门座起重机主要通过摆动臂架实现变幅，变幅系统主要由摆动臂架、驱动装置、传动装置和制动装置所组成，在港口装卸作业中应用广泛，分为柔性变幅系统和刚性变幅系统两种类型，如图 5-15 所示。

a) 柔性变幅系统　　　　　　　　　　　　　b) 刚性变幅系统

图 5-15　门座起重机的变幅系统

根据变幅机构的工作性质又可分为非工作性变幅机构和工作性变幅机构。非工作性变幅机构仅在非工作状态下调整幅度，在装卸作业中，幅度不变。工作性变幅机构在装卸作业时，通过改变幅度来运移货物，以扩大门座起重机的服务覆盖面积和提高工作机动性。在工作变幅过程中，载重沿水平线或接近于水平线的轨迹移动，臂架系统的总重心高度保持不变或变化很小，同时，在变幅机构中应该安装缓冲装置。

（3）回转机构　回转机构用来支承回转部分重量，使被起吊的货物围绕起重机的回转中心做不超过 360°旋转运动，以达到在水平面内运移货物的目的，如图 5-16 所示。

回转机构由回转支承装置和回转驱动装置两部分所组成。回转支承装置是用来把回转部分的垂直力、水平力和倾翻力矩传递给起重机不回转部分的装置；回转驱动装置是实现起重机回转部分相对于不回转部分旋转的执行机构。

回转驱动机构是回转机构的核心，为回转机构提供驱动力和速度，主要由电动机、联轴器、制动器、减速器和最后一级齿轮传动组成。为了保证回转机构可靠工作和防止过载，在传动系统中一般还装设极限力矩限制器。

（4）运行机构　门座起重机运行机构按照结构特点分为无轨运行机构和有轨运行机构两大类。港口装卸用门座起重机运行机构均为有轨运行机构，可沿着铺设的钢轨运行。运行机构主要由运行支承装置和运行驱动装置两大部分组成，如图5-17所示。运行支承装置主要是

图5-16　门座起重机回转机构

平衡梁和车轮；运行驱动装置包括电动机、减速器、制动器及传动装置，传动装置主要采用圆柱齿轮减速器加开式齿轮传动、蜗杆减速器加开式齿轮传动、三合一减速器传动等形式。

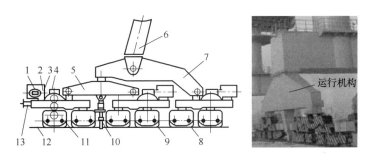

图5-17　门座起重机运行机构

1—电动机　2—制动器　3—联轴器　4—蜗杆减速器　5—中均衡梁　6—门架支腿　7—大均衡梁
8—从动车轮　9—驱动车轮　10—手动夹轨器　11—齿轮传动　12—轨道　13—弹簧缓冲器

4. 门座起重机各机构安全技术要求

门座起重机各机构的构成与布置，均应满足使用需要，保证安全可靠，零部件的选择与计算应符合 GB/T 3811—2008《起重机设计规范》中的有关规定。

（1）起升机构应满足的要求

1）按照规定的使用方式能够稳定起升和下降额定载荷。

2）起升机构采用必要的措施避免起升过程中钢丝绳缠绕。

3）当吊钩处于最低位置时，卷筒上缠绕的钢丝绳除固定绳尾的圈数外，不应少于2圈；当吊钩处于工作位置最高点时，卷筒上还宜留有至少1整圈的绕绳余量。

（2）运行机构应满足的要求

1）按照规定的使用方式能够整机平稳地起动和停止。

2）起重机应设有可靠的防风装置。

（3）回转机构应满足的要求　回转机构在工作状态下，按照规定的使用方式能够平稳地起动和停止。

（4）变幅机构应满足的要求

1）按照规定的使用方式，起升机构悬吊额定载荷时，动臂变幅机构应能够提升和下降

臂架并能保持在静止状态（不允许带载变幅的变幅机构应保持臂架在静止状态）。

2）采用钢丝绳变幅的机构，变幅机构的卷筒必须有足够的容绳量，保证完成起重臂从最大幅度到最小幅度位置的作业。

三、门座起重机的安全保护装置及安全要求

1. 起升高度和下降深度限位器

门座起重机应该设置起升高度和下降深度限位器，当取物装置上升到设计规定的上极限位置时，应能立即切断起升动力源，在此极限位置的上方，还应留有足够的空余高度以适应上升制动行程的要求；必要时，还应设下降深度限位器，当取物装置下降到设计规定的下极限位置时，应能立即切断下降动力源。上述运动方向的电源切断后，仍可进行相反方向运动。

2. 运行行程限位器

门座起重机应在每个运行方向装设运行行程限位器，在达到设计规定的极限位置时自动切断前进方向的动力源，仍可进行相反方向运动。

3. 幅度限位器

门座起重机应在臂架俯仰行程的极限位置处设臂架低位置和高位置的幅度限位器。

4. 幅度指示器

门座起重机应装设幅度指示器（或臂架仰角指示器）。

5. 防臂架后倾装置

具有臂架俯仰变幅机构（液压缸变幅除外）的门座起重机，应装设防止臂架后倾装置（例如一个带缓冲的机械式的止挡杆），以保证变幅机构的行程开关失灵时能阻止臂架向后倾翻。采用钢丝绳变幅的变幅机构卷筒轴应装设安全制动器或锁定装置，防止工作制动器失效而使臂架后翻。

6. 回转角度限位器

门座起重机需要限制回转范围时，回转机构应装设回转角度限位器。

7. 防碰撞装置

当两台或两台以上的门座起重机在同一轨道上运行时，应装设防碰撞装置。在发生碰撞的任何情况下，司机室内的减速度不应超过 $5m/s^2$。

8. 缓冲器及端部止挡

门座起重机的运行机构及变幅机构等均应装设缓冲器或缓冲装置，缓冲器或缓冲装置可以安装在起重机上或轨道端部的止挡装置上。轨道端部止挡装置应牢固可靠，防止起重机脱轨。有螺杆和齿条变幅的驱动机构，还应在变幅齿条和变幅螺杆的末端装设端部止挡防脱装置，以防止臂架在低位置发生坠落。

9. 起重量限制器

门座起重机应装设起重量限制器，对有倾覆危险的且在一定的幅度变化范围内额定起重量不变化的起重机械也应装设起重量限制器。当实际起重量超过95%额定起重量时，起重量限制器宜发出报警信号（机械式除外）；当实际起重量在100%~110%的额定起重量之间时，起重量限制器起作用，此时应自动切断起升动力源，但应允许机构做下降运动。

10. 起重力矩限制器

门座起重机应当装设起重力矩限制器，当实际起重量超过实际幅度所对应的起重量额定值95%时，起重力矩限制器发出报警信号；当实际起重量大于实际幅度所对应的起重量额定值时，起重力矩限制器起作用，此时应切断不安全方向（上升、幅度增大）的动力源，但应允许机构做安全方向的运动。

11. 回转极限力矩限制器

对回转部分不设集电器的门座起重机，应设置回转限制装置，起重机回转部分在非工作状态下必须保证自由旋转。对有自锁作用的回转机构，应设置安全力矩联轴器。

12. 集装箱吊具专项保护和防护装置

用于吊运集装箱的门座起重机，集装箱吊具各动作与升降控制应有安全联锁，集装箱离地后禁止吊具转锁转动。

13. 抗风防滑装置

门座起重机应装设可靠的抗风防滑装置，应满足规定的工作和非工作状态抗风防滑要求。工作状态下的抗风制动装置可采用制动器、轮边制动器、夹轨器、顶轨器、压轨器和别轨器等，其制动与释放动作应与运行机构联锁并应能从控制室内自动进行操作。起重机只装设抗风制动装置而无锚定装置的，抗风制动装置应能承受起重机非工作状态的风载荷；当工作状态下的抗风制动装置不能满足非工作状态下的抗风防滑要求时，还应装设牵缆式、插销式或其他形式的锚定装置。起重机有锚定装置时，锚定装置应能独立承受起重机非工作状态下的风载荷。非工作状态下的抗风防滑设计，如果只采用制动器、轮边制动器、夹轨器、顶轨器、压轨器和别轨器等抗风制动装置，其制动与释放动作应与运行机构联锁，并应能从控制室内自动操作（手动控制防风装置除外）。

14. 风速仪

起升高度大于50m的门座起重机应在顶部至吊具最高位置间不挡风处安装风速仪，当风速大于工作状态计算风速设定值时，应能够发出停止作业的报警信号。

15. 防护罩

正常工作或维修时，为防止异物进入或防止其运行对人员可能产生危险的零部件，应设有保护装置。门座起重机上外露的、有可能伤人的运动零部件，如开式齿轮、联轴器、传动轴、链轮、链条、传动带和带轮等均应设防护罩或防护栏。

16. 防雨雪装置

门座起重机上的电气设备应采取防雨雪措施。

17. 超速保护装置

门座起重机采用可控硅定子调压、涡流制动器、能耗制动、晶闸管供电和直流机组供电调速的起升机构和变幅机构，应装设超速保护装置。

18. 料斗限位器

带料斗的门座起重机应当设置料斗带式输送机系统的料斗限位器。

19. 扫轨板

门座起重机台车架的下面应装设轨道清扫器，其扫轨板底面与轨道顶面之间的距离不大于10mm。

20. 紧急断电开关

门座起重机应在司机操作方便的地方设置紧急断电开关，该开关为红色、双稳态且非自动复位型，能切断动力电源。

21. 电缆卷筒终端限位装置

门座起重机运行距离大于电缆长度时，电缆卷筒停止放缆，卷筒上至少有两圈安全电缆长度。

第二节　门座起重机安全操作规程

一、门座起重机司机职责

门座起重机司机应当取得相应的起重机司机（Q2，限门座式起重机）资格证书，其主要职责如下：

1）熟悉门座起重机作业指挥信号及安全操作规程。

2）熟悉门座起重机的性能、构造和用途；严格执行门座起重机有关安全管理制度，按照操作规程进行操作。

3）司机操作门座起重机时，不允许从事分散注意力的其他操作；司机体力和精神不适时，不得操作门座起重机。

4）司机应接受起重作业指挥信号的指挥。当门座起重机的操作不需要指挥人员时，司机负有起重作业的责任。司机随时都应执行来自任何人发出的停止信号。

5）司机应熟悉设备和设备的正常维护。如果门座起重机需要调试或修理，司机应把情况迅速报告给管理人员并应通知接班司机。

6）在每一个工作班开始前，司机应试验所有控制装置。如果控制装置操作不正常，应在运行之前调试和修理。

7）当风速超过制造厂规定的最大工作风速时，不允许操作门座起重机。在门座起重机的轨道或结构上结冰或其周围能见度下降的气候条件下操作起重机时，应减慢速度或提供有效的通信等手段保证安全操作。

8）交接班时，当班司机将交接记录本一并交给接班司机，将操作中所发现的毛病报告有关部门及接班司机。

9）司机定期参加使用单位举办的安全教育和技能培训。

10）司机对门座起重机进行经常性维护保养，对发现的异常情况及时处理并且记录。

11）司机在作业过程中发现事故隐患或者其他不安全因素时，应当立即采取紧急措施并且按照规定的程序向特种设备安全管理人员和单位有关负责人报告。

12）司机应积极参加应急演练，掌握相应的应急处置技能。

二、门座起重机安全操作规程

1）司机必须严格执行操作规程的有关规定。

2）司机在操作中应做到稳、准、快、安全、合理。

① 稳：司机在操作起重机的过程中，做到起动、制动平衡，负载不摇晃。

② 准：在稳的基础上，吊钩或重物应正确地停放在指定位置。

③ 快：在稳、准的基础上，协调各机构动作，缩短工作循环时间。

④ 安全：对设备能预检预修，确保起重机在生产过程中安全运行，在操作中严格执行安全操作规程，不发生或预防任何人身设备事故。在意外故障情况下，能机动灵活采取措施，制止事故发生或使损失减少到最低程度。

⑤ 合理：根据吊运物件的具体情况，正确操作控制器。

3）作业前的安全操作要求

① 司机必须详细检查电气线路、电器开关、各种仪表的情况，松开夹轨器、各种制动装置，把电缆放在安全位置。

② 作业前，首先空载试运转，回转时谨防该机部件（象鼻梁、刚性拉杆、平衡铁）与前后机械、船台、船舶吊杆等之间相碰，确认情况正常，方可开始作业。

4）作业中安全操作要求

① 各操作手柄必须放在零位位置，检查制动器是否膨胀或咬死，如有应采取措施调整后方能送电。

② 严禁超负荷作业，当起重量或起重力矩限制器铃响时，应立即将货物放下。

③ 当货物位置和钩头不处于垂直位置，须将货物移至钩头钢丝绳垂直位置时，立即落地停顿，防止货物游荡碰伤人或损坏其他物件。

④ 严禁抽、拔压在下面的货物，要按照正确的顺序操作。

⑤ 严禁起重机载运人员或跟着货物上下。

⑥ 用抓斗时，严禁单绳超负荷，必须二绳一起上升并随时注意卸扣变化的情况。

⑦ 当钢丝绳由卷筒下放时，卷筒上的钢丝绳除固定绳丝尾的圈数外，必须保留应有的安全圈数，但钢丝绳不可松得太多，以免滑槽出事故。

⑧ 作业中如果发现货物捆扎不好、重心不稳等不符合安全生产的情况，要及时采取安全措施。

⑨ 当风力达到六级以上时，应停止工作并做好抗风防滑工作。

5）作业后安全操作要求

① 工作完毕后应执行例行保养、检查。

② 载荷应下放到地面，不得悬吊；吊具起升到规定位置。

③ 运行机构制动器上闸或设置其他的保险装置。

④ 根据情况，断开电源或脱开主离合器；所有控制器置于零位或空档位置；固定起重机械，防止发生意外的移动。

⑤ 当有超过工作状态极限风速的大风警报或起重机处于非工作状态时，为避免其移动，应采用夹轨器或其他装置固定。

⑥ 填写日检表和交接班记录表。

第三节　门座起重机日常检查和维护保养

一、门座起重机的日常检查

1. 作业前检查

在每次换班或每个工作日的开始，对在用门座起重机应按其类型针对下列适合的内容进行日常检查：

1）检查所有钢丝绳在滑轮和卷筒上缠绕正常，没有错位。

2）检查电气设备外观，不允许沾染润滑油、润滑脂、水或灰尘。

3）检查有关的台面和（或）部件外观，无润滑油和冷却剂等液体洒落。

4）检查所有的限制装置或保险装置以及固定手柄或操作杆的状态，在非正常工作情况下采取相应措施。

5）按制造商的要求检查超载限制器的功能是否正常，按制造商的要求进行日常检查。

6）具有幅度指示功能的超载限制器，应检查幅度指示值与臂架实际幅度的符合性。

7）检查各气动控制系统中的气压是否处于正常状态，如制动器中的气压。

8）检查照明灯、挡风屏雨刷和清洗装置是否能正常使用。

9）检查门座起重机车轮外观和轮胎的安全状况。

10）空载时检查门座起重机所有控制系统是否处于正常状态。

11）检查所有报警装置能否正常。

12）出于对安全和防火的考虑，检查门座起重机是否处于整洁环境并且远离油罐、废料、工具或物料，已有安全储藏措施的情况除外；检查门座起重机的出入口，要求无障碍，相应的灭火设施应完备。

13）在开动门座起重机之前，检查制动器和离合器的功能是否正常。

14）检查液压和气压系统软管在正常工作情况下是否有非正常弯曲和磨损。

15）在操作之前，应确定在设备或控制装置上没有插入电缆接头或布线装置。

16）应做好检查记录并加以保存归档。

2. 作业中检查

1）密切关注控制器、电流表、电压表、接触器和继电器的工作状况。

2）监听各机构电动机、电阻器、减速器和卷筒等运转声响。

3）注视各机构运行的情况及其指示器的工作状态。

4）利用作业间歇时间，检查各机构电动机、减速器、卷筒等轴承发热或升温情况，按规定加油润滑，紧固松动螺钉。

3. 作业后检查

1）清洁机械，包括控制器、配电盘、仪表盘、司机室和机房的地板门窗。

2）回转导线接头螺母，调整接触间隙与压力，检查保险片并旋紧固定螺母。

3）检查起升、变幅、回转和运行机构的情况：

① 检查开式传动齿轮润滑情况，各齿轮箱、蜗轮箱的油量。

② 检查联轴器连接螺母，传动轴、销及拉杆的连接完好状况。

③ 检查钢丝绳有无磨损和钢丝绳是否在滑轮槽内。

④ 按要求检查、校正各制动器，检查缓冲器缸筒活塞活动情况，检查制动器衔铁及制动蹄位置是否正常。

⑤ 检查油嘴、油量是否充足，油路畅通，配置齐全。

4）检查各指示器及安全信号装置的作用，按照要求校正。

5）将臂架收缩到最小幅度、吊具升到最高位置、操作室转到顺风方向。

6）检查防风锚定装置（固定时）的安全性以及门座起重机运行轨道上有无障碍物。

7）认真保养完好后，填好运行日志，关窗锁门。

二、门座起重机定期维护保养要求

门座起重机的定期维护分为计划性维护和非计划性维护，根据维护保养的项目填写维保记录并在恢复使用前进行相应的功能验证，确保门座起重机安全正常工作。

计划性维护根据每台起重机的工作级别、工作环境及使用状态，确定内容和周期。其内容至少应包括：电动机的电刷和换向器的清理；减速器空气滤清器滤芯的更换；减速器的润滑；开式齿轮的润滑；联轴器的润滑；轴承的润滑；钢丝绳或起重用短环链的润滑；回转支承的润滑；液压系统滤芯、滤网的更换；液压油、润滑油的更换；电缆卷筒集电器的清理、零部件的紧固和/或更换；吊具转锁的更换；制动衬垫的更换；结构表面除锈及涂装；缆绳及拉索系统紧固和更换；起重量限制器、起重力矩限制器的校准及电器元件的清洁和紧固等诸多项目。

非计划性维护应在发生故障后或依据日常检查、定期检查、特殊检查的结果，确定需要维修、保养的内容和要求，并加以实施。

门座起重机维护应有维护记录，内容至少应包括：维护的日期和地点；维护人员签名和其所属单位的名称；被维护设备的名称、型号、出厂编号及主要参数；各维护项目、维护方法及维护结果；对维护结果验证的说明。

对门座起重机完成维护的项目，在恢复使用前应对其功能进行相应的验证。

门座起重机定期维护保养项目及要求见表5-1。

表5-1　门座起重机定期维护保养项目及要求

序　号	项　目	要　求
1	机械完好及运转情况	检查机械完好与固定情况，进行空运转试验，察听各部机械及电气设备运转是否正常
2	控制器及配电板	1. 清除内外灰尘，打磨触头，调整压力及位置，拧紧导线接头螺母 2. 检查凸轮控制器的磨损情况，调整轮凸盘各档位置，润滑手柄轴承，消除操作时摩擦声和滞后现象 3. 检查灭弧罩及绝缘板有无损裂、熔断器是否安装牢固
3	限位器与联锁装置	清除灰垢，调整各限位器位置，检查限位器及联锁装置是否起作用
4	电动机	1. 清除外表灰尘 2. 打磨集电环。磨合电刷，清除集电环刷架各部灰尘，调整电刷压力及位置，拧紧底座螺栓及导线接头螺母
5	中心集电环和电缆卷筒集电环	清除污垢，检查磨损情况，调整电刷压力，紧固导线接头螺栓
6	传动轴和联轴器	检查传动轴、联轴器磨损及连接情况，润滑各润滑点，按需更换连接螺栓和缓冲垫圈，拧紧各连接螺栓
7	减速器和开式齿轮	1. 清除污垢，检查减速器漏油情况，查看齿轮油是否适当，按需添加或更换，检查其底座螺母 2. 检查开式齿轮组磨损情况，润滑齿轮和轴承

（续）

序　号	项　目	要　求
8	卷筒	1. 查看机座螺孔有无裂损，拧紧其螺栓 2. 检查卷筒和轴有无松脱现象，润滑其轴承
9	吊杆、吊钩、滑轮组和钢丝绳	1. 检查吊杆、吊钩有无变形和开焊，紧固钩头螺母及夹板螺栓，润滑各销子及轴承 2. 检查滑轮磨损情况，润滑滑轮组、轴、轴承 3. 清洁、检查、润滑全部钢丝绳，紧固卷筒绳头压板螺钉
10	变幅机构	清除污垢，检查齿条、丝杠、齿轮、传动轴的磨损情况并加注润滑油
11	转盘、门架、台架	1. 检查转盘、门架、台架的锈蚀情况 2. 清洁转盘，检查齿圈、驱动小齿轮、水平轮、转盘轨道、平面轴承的磨损和接触情况并加注润滑油
12	制动器	1. 检查各制动器摩擦片和销轴磨损情况，调整摩擦片和制动轮间隙 2. 检查电磁制动器，清除衔铁灰尘，按需调整弹簧压力或重锤位置 3. 检查液压制动器是否漏油，加足液压油
13	运行台车	清除污垢，检查行走轮轴、轮缘的磨损和腐蚀情况，检查夹轨器的完好情况，并对轴及轴承进行润滑
14	资料记录	填写门座起重机使用记录

第四节　门座起重机作业典型事故案例分析

一、门座起重机整机倾覆案例分析

1. 事故概述

2005 年 8 月 1 日，某水电站建设工地发生一起门座起重机倾覆事故，造成人员重大伤亡，直接经济损失 290 余万元。

8 月 1 日上午，施工单位分管机电设备的副局长组织 20 余人更换变幅钢丝绳。由于库存新的变幅钢丝绳仅有 400m，而实际需要 480m，为达到更换的目的，临时改变更换方法，将起重臂竖起，以缩短变幅钢丝绳安装长度。将原来平放于地面的起重臂升起并左转 90° 停靠在 2 号坝顶边缘（标高 355m）上，欲将坝顶作为起重臂支撑点，再将原已穿好的 8 道钢丝绳拆除，重新穿绕。当起重臂升起转向 2 号坝体斜靠在 2 号坝顶边缘时，由于门座起重机与 2 号坝距离过近（5.5m），造成起重臂 29m 悬空，改变了起重臂的平衡关系，形成了反方向的倾翻力矩，超过了门座起重机的稳定力矩，使其后仰失去平衡，从标高 341m 的 3 号坝体翻入标高 331m 的 4 号坝体，致使门座起重机整机倾覆。倾覆后解体的起重机和事发现场如图 5-18 和图 5-19 所示。

图 5-18　倾覆后解体的起重机

图 5-19　事发现场

2. 事故原因分析

1）该门座起重机在更换起重臂变幅钢丝绳过程中，将起重臂搁置在高于起重臂根铰点的坝上，支撑点处于起重臂重心与根铰点之间且靠近根铰点处，当松开变幅钢丝绳时，使起重臂自重产生对整机的倾覆力矩，此时，连同平衡重自重本身形成的同方向力矩，大于整机自重形成的稳定力矩，从而导致整机倾翻是事故的直接原因。

2）现场作业指挥人员在维修更换起重臂变幅钢丝绳过程中，临时改变原来起重臂支撑于地面的作业方案，盲目采用未经论证且未采取有效保护措施的作业方案，是导致事故发生的主要原因。

3）该设备为 20 世纪 50 年代制造，已属报废设备，施工单位擅自启用安装，不向当地质监部门办理有关告知手续，未经特种设备检验机构安装监督检验，未办理使用登记，违法使用是事故的重要原因之一。

3. 事故预防措施

1）门座起重机应该严格按照使用说明书的要求使用，特别是起重机的作业范围和工作半径，严禁超设计使用。

2）门座起重机的安装、维修和日常维护保养严格按照安装维护保养说明书的要求进行，在重点零部件的维护保养及更换过程中应该制定工作方案并严格按照工作方案的要求开展相应工作。

3）门座起重机的各类安全保护装置应该正常有效并且动作灵敏，确保门座起重机的使用安全。

4）门座起重机应该进行日常性维护保养和定期检查，每年做一次全面检查，严格按照检验周期的要求接受特种设备检验机构的检验并将检验存在的问题进行有效整改，消除安全隐患。

第六章
缆索式起重机安全操作技术

缆索式起重机的基本组成及工作原理

一、缆索式起重机的分类和主要参数

缆索式起重机是以柔性钢索作为大跨距架空支承构件（简称承载索），供悬吊重物的载重小车在承载索上往返运行，具有垂直运输（起升）和远距离水平运输（牵引）功能，用于在较大空间范围内，对货物进行起重、运输和装卸作业。缆索式起重机跨距大，主索为密闭索，工作速度高，满载工作且工作频繁，其起重机工作级别一般为A6或A7，起升机构和小车牵引机构的工作级别为M7。

1. 缆索式起重机的分类

缆索式起重机基本类型有多种分法，如：按承载索根数，分为单索、双索及多索缆索式起重机；按工作速度的高低，分为高速缆索式起重机、中高速缆索式起重机、低速缆索式起重机等。缆索式起重机的基本特点随地形而设置，因此一般按承载索两端支点的运动或固定的情况来划分较为常见。

根据以上原则，可将缆索式起重机分成6种基本类型以及在这些基本类型的基础上发展出的若干派生或复合类型，主要有以下几种：

1）固定式缆索式起重机：承载索两端支点固定不动，覆盖范围基本上只是一条直线，如图6-1所示。

2）摆塔式缆索式起重机：承载索通常支承在桅杆式高塔上，根部铰支于地面，后侧由固定纤索拉住；顶部则由设于地面上的摆塔绞车通过导向滑轮牵拉，使桅杆塔左、右摆动，如图6-2所示。

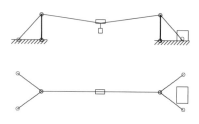

图6-1　固定式缆索式起重机示意图

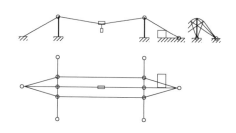

图6-2　摆塔式缆索式起重机示意图

3）平移式缆索式起重机：支承承载索的构架带有运行机构，分别在两岸平行的轨道上

同步移动，如图6-3所示。

4）辐射式（单弧动式）缆索式起重机：在一岸设有固定的支架，另一岸设有在弧形轨道上运行的支承车，主要机电设备及机房一般设置在固定支架附近的地面上，如图6-4所示。

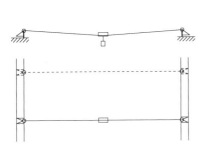

图6-3 平移式缆索式起重机示意图

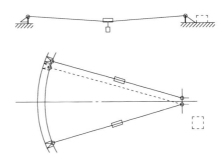

图6-4 辐射式（单弧动式）缆索式起重机示意图

5）双弧动式缆索式起重机：平移结合辐射式的缆索式起重机，只不过主、副车分别在两岸同圆心的轨道上运行，在一岸布置较长的弧形轨道，而在另一岸布置较短的弧形轨道，以便节省部分基础工程量，如图6-5所示。

6）索轨式缆索式起重机：以架空的钢索（称为轨索）来代替地面轨道，以支承承载索，由安装于地面的绞车收放牵引绳牵拉大车在轨索上行驶，主要有双索轨式和单索轨式，如图6-6所示。

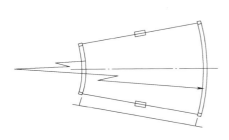

图6-5 双弧动式缆索式起重机示意图

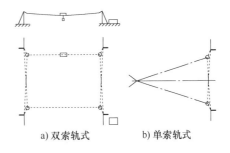

a）双索轨式　　b）单索轨式

图6-6 索轨式缆索式起重机示意图

2. 缆索式起重机的主要参数

（1）额定起重量 额定起重量是指缆索式起重机正常工作时吊运的最大净起重量，是表征缆索式起重机性能的重要参数之一，与其设计密切相关，一般有10t、13.5t、20t、25t及30t等几个系列。

（2）跨度 缆索式起重机的跨度是指主、副塔（车）之间承载索铰点连线的水平距离。

（3）工作级别 缆索式起重机的工作级别是指其工作过程中载荷状态和利用等级的组合，根据用途的不同差别较大，用于水电站安装用的缆索式起重机的工作级别为一般为A3，用于浇筑用的缆索式起重机的工作级别一般为A6或A7，其工作级别相对较高。

（4）承载索垂度 承载索垂度是指缆索式起重机承载索上某一点到承载索两端铰点连

线的竖直距离。

（5）垂跨比（垂度系数）　垂跨比是指缆索式起重机承载索最大垂度与跨度的比值，常用百分数（%）表示。

二、缆索式起重机的主要组成及原理

1. 缆索式起重机的主要组成和作用

（1）主索（承载索）　主索是缆索式起重机最重要的部件之一，相当于桥式或门式起重机的主梁，主要承载小车自重及吊运载荷的重量，同时，主索的长度决定了缆索式起重机的跨度，其主要承受缆索式起重机整体的拉力及小车产生的局部弯曲应力。

缆索式起重机基本都用单根主索，这样可使缆索式起重机的构造简化，重量减轻，特别是可减小主索的弯曲应力和减轻主索的磨损。在选用主索时，其安全系数不宜过大，如果主索安全系数过大、直径过大，当小车移向两侧塔架时，主索拉力减小，小车车轮的载荷有可能使内外层钢丝产生较大滑移，使钢索的整体性减弱。车轮轮压引起的弯矩使外层钢丝中的弯曲应力增大，容易导致主索外层钢丝断丝和疲劳损伤。

为了调整主索的垂度，必须在主索拉板上设置一个张紧机构，调整主索系统的总长度，张紧机构大多装在副塔一侧。

（2）支架　缆索式起重机的支架用于支承主索（拉板），是重要的受力部件，将主索承担的载荷传递至稳固的支承面，主要分为固定支架和活动支架两大类。其中，将主索（拉板）支点至地面或支架前腿轨道面的高度称为塔高。

1）固定支架主要用于固定式和辐射式缆索式起重机，可根据主索支点设计高程的要求和地形、地质条件，采用锚固支架、刚性支架和桅杆支架。桅杆支架如图6-7所示。

2）活动支架用于辐射式和平移式缆索式起重机，主要分为低塔支架、高塔支架及A字架和纤索配重车，如图6-8～图6-10所示。

图6-7　桅杆支架

图6-8　低塔支架

（3）承马（支索器）　承马是缆索式起重机最关键的部件之一，主要用于承托起升索、牵引索及辅助索，防止它们在空载时垂度过大或发生绞乱现象。承马能否可靠地工作，将影响缆索式起重机的效率和持续正常运行。

图 6-9　高塔支架

图 6-10　A 字架和纤索配重车

（4）小车　缆索式起重机小车的构造和所用承马的形式有关，一般多采用型钢构成的桁架式车架。如 20t 缆索式起重机的小车约重 8t，装有 16 个外径约为 500mm 的车轮，满载时小车各个车轮轮压约近 20kN，车轮多用改性 MC 尼龙，以减轻重量，减小车轮踏面和主索表面的接触应力和对主索的磨损，如图 6-11 所示。

（5）绞车

1）起升绞车：起升绞车由直流电动机经过减速机构带动卷筒旋转，卷筒带槽，单层卷绕。除在电动机上装有制动器外，国外缆索式起重机

图 6-11　小车

常在卷筒上设置液压盘式制动器，以确保制动的安全性。在起升扬程较大的情况下，为使起升索在较长的卷两端引出时，偏角不致过大，必须设置排绳装置，使起升索的引出方向始终不变。

2）牵引绞车：缆索式起重机的牵引绞车通过摩擦带动封闭的环形索牵引小车做横移运动，对于小跨距的缆索式起重机可采用摩擦卷筒；对于大跨距的缆索式起重机采用多槽摩擦轮（或称摩擦滚筒）和张紧滑轮，牵引绞车由直流电动机经减速器带动摩擦轮转动，牵引索绕过各绳槽和张紧滑轮由于采用钢质摩擦轮，绳槽与牵引之间的摩擦系数较小，为了能通过摩擦传递足够的牵引力，一般要用 5 个或 6 个绳槽。牵引索在通过绳槽时会因伸长而产生滑移，引起磨损，从而影响牵引索的寿命。

3）工作索和导向滑轮：大型缆索式起重机的工作索主要是起升索和牵引索，通过卷绕装置实现重物的起升和横向运行，扩大缆索起重机的工作范围。一般来说，工作索比较长，换索成本高，要求有较高的使用寿命；同时运动速度很高，运动过程往往伴有跳动；易产生弯曲疲劳和磨损现象，因此，选择正确的工作索是保证缆索式起重机安全使用的重要因素。

工作索一般采用线接触的瓦林吞型带有绳芯的优质钢丝绳作为工作索，起升索采用交互捻绳（代号 ZS 或称交绕），牵引索宜用同向捻绳（代号 ZZ 或称顺绕）。工作索直径不宜过大，以免增加悬挂于主索上的载荷，影响有关导绕装置的构造。

导向滑轮主要起导向作用，保证载荷在提升或者横向运行时工作索能够正常工作并始终处于张紧的状态，使重物正常提升和下降。有的缆索式起重机在牵引索卷绕系统中设置了浮动的张紧活配重，使牵引索上支保持恒定的初拉力，减少牵引索滑移磨损，同时减少了调整牵引张紧装置的麻烦。

（6）大车运行机构　缆索式起重机的大车运行机构用来支承支架在轨道上行走，主要由垂直台车或斜轨台车和水平台车及平衡架组成，主动台车由380V（AC）电源供电，经减速器和开式齿轮带动转动，国产高塔架缆索式起重机的前腿均采用了双轨台车，缩短大车运行机构的长度。

（7）电气设备

1）电源：大型缆索式起重机的主塔侧多为高压供电（国内多用6kV），平移式缆索式起重机的活动主塔由地面拖曳电缆经电缆卷筒向塔上供电，在塔上设有变压器降压为380V以供应大车运行机构及其他用电。副塔侧电压为380V，电源通过地面拖电缆卷筒向副塔上直接供电。

2）电力拖动：大型缆索式起重机的起升和小车横移速度较高，要求有较好的调速性能。起升机构和牵引机构都采用直流拖动，主、副塔大车运行机构使用交流拖动。

国产第二代重型缆索式起重机都采用传统的 F-D 系统，即以高压（6kV）交流电动机带动直流发电机供电。国产第三代重型缆索式起重机主要采用晶闸管整流技术。

3）控制系统：目前，缆索式起重机控制系统采用可编程序控制器（PLC），PLC 具有较高的可靠性和完善的控制功能，可以同时控制和检查缆索式起重机的各项工作情况，确保其正确而安全地运行，具有自诊断功能，能即时显示故障，便于检查处理。

2. 缆索式起重机的安全性能要求

1）缆索式起重机的设计、制造、安装、使用、维修及检验应符合 GB/T 3811—2008《起重机设计规范》、GB 6067.1—2010《起重机械安全规程　第 1 部分：总则》的规定。

2）辐射式缆索式起重机固定端间距不宜超过跨度的 1/150。

3）跨度两端应设有非正常工作区，范围宜为跨度的 1/12 ~ 1/8。非正常工作区范围大小应根据跨度、垂度和使用频繁程度确定，跨度小、垂度大或使用频繁程度高的场合宜取较大值。两端的非正常工作区可以不对称。

4）起重小车起吊额定起重量位于跨中时，承载索垂度（环境温度20℃时）应控制在跨度的 0.045 ~ 0.07 范围内，气温高时取较大值。

5）摇摆式缆索式起重机塔柱沿承载索的横向摆动不宜超过 ±11°，沿承载索的纵向后倾不宜超过 5°。

6）对于两台及两台以上的缆索式起重机抬吊作业工况，应对抬吊的总起重量、抬吊作业时的工作环境条件及机构的工作速度等在使用维护说明书中作出规定。

7）缆索式起重机主要性能参数的允许偏差如下：

① 起升高度为设计值的 +2.5%。

② 起升（下降）速度、小车横移速度、大车运行速度均为设计值的 ±10%。

8）缆索式起重机在空载状态下，各机构及制动器、液压系统、电气系统、润滑系统应能正常工作，无卡滞、爬行、震颤、冲击、过热、异常噪声、漏油或渗漏等现象，各机构行程限位装置动作应准确、可靠，信号及仪表显示应准确、可靠。

9）缆索式起重机在进行额定载荷试验时，其起重能力应达到额定起重量。对缆索式起重机装设了起升机构超速保护装置的，在进行超速下降试验时，其保护装置的动作应准确、可靠。试验后缆索式起重机的主要零部件不应有损坏。

10）缆索式起重机在进行静载试验时，起升机构与摇摆机构（若有）的制动器应能支持载荷在原来的位置上而不下滑；试验后，主要结构件及各机构应无裂纹、永久变形、油漆剥落、连接松动或其他损坏现象。

11）缆索式起重机在进行动载试验时，悬吊着的载荷在空中起动、制动时不应出现反向动作；试验后，主要结构件及连接处、各机构、液压系统、电气系统应无损坏、松动现象。

三、缆索式起重机的安全保护装置

1）缆索起重机的安全保护装置应按 GB 6067.1—2010《起重机械安全规程　第 1 部分：总则》的相应规定设置，并按 GB/T 28264—2017《起重机械安全监控管理系统》设置安全监控管理系统。

2）在起升机构卷筒轴上，应设置起升高度检测和吊钩上下极限位置的保护装置，装置信号应参与自动控制吊钩上下减速及上下极限保护，应在司机室内显示吊钩位置的信号。

3）应设置起重量限位器。

4）排绳装置应设置吊钩上下极限位置的限位器。

5）小车牵引机构应设置小车位置显示和小车极限位置的指示保护装置，装置的信号应参与自动控制，应在司机室内显示小车位置的信号，若小车牵引机构靠摩擦牵引小车，还应采取小车位置指示校正措施。

6）承载索应设置载重小车运行极限位置的限位器。

7）大车运行机构应设置清轨装置。钢制清轨板距轨面不应大于 10mm，木制清轨装置的方木应与轨道相接触。大车运行轨道端部应设置符合 GB/T 3811—2008《起重机设计规范》要求的止挡及缓冲器。大车运行机构应设置终端限位器及相应的缓冲器。

8）应设置大车运行时的声光报警装置，缆索式起重机在运行时应有人监视。

9）卷筒装置应设置防起升索复卷的安全装置。

10）对于平移式及辐射式缆索式起重机应装夹轨器和防风锚定装置，采用手工操作的夹轨器最大操作力不应大于 200N。

11）平移式缆索式起重机应设置主、副塔（车）的运行纠偏装置和偏斜报警装置。

12）缆索式起重机的主机房、电气房、司机室及操作站点（包括便携式操作装置）应设置能断开总电源的紧急停止开关。副塔（车）侧也应能断开副塔（车）侧低压动力部分总电源。紧急停止开关应采用红色不能自动复位的开关，应设在操作方便的地方。

13）缆索式起重机上设有链传动机构时，应设置断链保护及报警装置。

14）缆索式起重机应设置风速仪及风速报警装置。

15）缆索式起重机上外露活动零部件均应装设防护罩。露天的电气设备应装设防雨罩。

16）同一运行平台上设置有两台及两台以上缆索式起重机时，应设置两台缆索式起重机之间的接近报警装置和防撞装置。

17）两台辐射式缆索式起重机主索之间应装设最小夹角小车运行极限限位装置。

第二节　缆索式起重机安全操作规程

一、缆索式起重机司机职责

缆索式起重机司机应当取得相应的起重机司机（Q2，限缆索式起重机）资格证书，其主要职责如下：

1）熟悉缆索式起重机的性能、构造和用途。

2）严格执行缆索式起重机有关安全管理制度并且按照操作规程进行操作。

3）应与当班指定信号员密切配合，严格按信号指挥操作，司机应拒绝非当班指定信号员的指挥。在通信联络不清时，应停止工作以保证安全。作业时应经常注意仪表指示，发现吊钩、小车和塔架位置有问题应停止动作并积极与信号员取得联系，不得擅自进行与信号指挥不相容的动作。

4）工作完毕以后，吊具应升到上面位置，使控制器处在零位，断开主刀开关和电锁，在离开起重机时，必须定点停放并固定好。

5）按照规定填写作业、交接班等记录；交接班时，当班司机将起重机交接记录本一并交给接班司机，将起重机操作中所发现的毛病，报告有关部门及接班司机。

6）司机定期参加使用单位举办的安全教育和技能培训。

7）司机对缆索式起重机进行经常性维护保养，对发现的异常情况及时处理并且记录。

8）司机在作业过程中发现事故隐患或者其他不安全因素，应当立即采取紧急措施并且按照规定的程序向特种设备安全管理人员和单位有关负责人报告。

9）司机应积极参加应急演练，掌握相应的应急处置技能。

二、缆索式起重机安全操作规程

1. 作业前的安全操作要求

1）检查轨道上有无障碍物和夹轨器工况以及轨道有无松动或特殊沉陷等现象。

2）检查各仪表和通信系统是否正常；检查各润滑油液面是否在正常位置，如果有不足，应予以补充。

3）检查各制动装置能否正常工作。

4）合闸后，检查电压是否正常，当电压偏离额定电压值的±5%时，禁止进行工作。

5）空运转各机构若干分钟，检查其传动、制动装置是否正常可靠。

6）检查各终端限位装置及信号、显示装置是否正常与灵敏。

2. 重物起升或下降安全操作要求

1）起升或下降必须逐档加速，逐档减速，操作要平稳。不允许过猛地一滑而过，尽量避免紧急制动。禁止越档变速。

2）当变换机构的运行方向时，应先将手柄扳至零位，稍停后再反向操作，不允许直接变换操作手柄方向。

3）应经常注意吊钩上、下限位置，在接近极限位置时，要及时减速；吊钩下降到最低位置时，缠绕在卷筒上的钢丝绳最小不得少于 3 圈，提升负荷时，钢丝绳在卷筒上要排列整齐，不得重叠；吊钩起吊重物上升到最高位置时，吊钩滑轮中心距离起重小车滑轮中心的高差不能小于 6m（检修过程除外）。

4）当起吊重量接近额定起重量时，应在将重物吊离地面约 30cm 后，略作停留以检查制动器工作性能和捆绑是否结实，然后再继续操作。

5）重物必须提升至高过障碍物 3m 以上后，方可水平跨越。

6）一般情况下，应先减速，后制动，尽量避免急速下降、紧急制动。

7）当无线电遥控系统出现故障，塔架提升（下降）失控时，主、副塔监护人员应立即按下紧急停止开关，切断主变或总电源，然后进行处理。

8）如果遇紧急情况，需立即停机，可按联动操作台上紧急停止开关，切断总电源。但在采取此紧急措施时，应尽可能卸去吊钩上的重物，以避免承载索遭受冲击而使主塔、副塔剧烈跳晃。

3. 小车牵引安全操作要求

1）牵引小车必须逐档加速，逐档减速，禁止越档变速。

2）小车在主索两端、距塔架 70m 范围内为非工作区，在非工作区内一般不允许吊运货物。

3）除进行维护保养和检修等工作外，小车严禁搭乘人员。

4）小车在载人维修时速度必须控制在 20% 额定速度以内（微速档），检修人员必须系上合格安全带。

5）当无线电遥控系统出现故障，塔架牵引失控时，主、副塔监护人员应立即按下紧急停止开关，切断主变或总电源，然后进行处理。

4. 塔架移行安全操作要求

1）塔架移行前，司机发移行信号，警告塔架附近人员注意安全并通知主、副塔值班人员密切监视轨道面有无障碍物等异常情况。

2）禁止吊物放在地面尚未脱钩就移行塔架。

3）塔架移行时，司机要经常向副塔瞭望并与主、副塔值班人员密切联系，确保移行前方轨道及基础平台无障碍物。

4）经常注意主、副塔的位差指示，当位差超过 2m 时，检查系统是否自动纠偏。若发现自动系统失灵，要手动纠偏，确保缆索式起重机可靠运行。

5）当塔架接近临近的缆索式起重机及轨道尽头时，司机操作必须在主、副塔监护人员的指挥下进行。当限位器失灵或当无线电遥控系统出现故障，塔架运行失控时，主、副塔监护人员应立即按下紧急停止开关，切断总电源，然后进行处理。

5. 作业完成后的安全操作要求

1）停机前必须要卸除负荷，升起吊钩，将小车牵引至主塔停靠，然后将各操作杆置于零位，停机时间较长时，应切断总电源。

2）停机后，司机应做好运行记录、交接班记录和清洁工作。

3）下班前，检修班长应组织全班人员交换运行情况，讨论故障原因，对发现的问题要及时处理并做好记录。

4）每班必须做好各项记录，做好清洁卫生工作，准备交班。

5）在交接班时，本班运行情况简介交给下班操作人员，特别要将故障处理经过和尚未处理的故障详细交接给下班司机。

6. 操作时其他注意事项

1）作业时，司机不得做与操作无关的事，不得与他人闲谈，要密切注意吊钩、小车和塔架的位置指示。

2）运行中突然停电时，司机应立即将各操作杆置于零位。

3）司机只有在操作技术达到十分熟练以后，才允许进行联合操作。联合操作时，要避免吊物振荡或撞击其他物体。

4）尽量避免将缆索式起重机各机构开至极限位置，不允许采取碰撞限位器的办法使机构停止。

5）不得故意用安全保护装置来达到停机的目的。

6）每次合主开关之前，必须将所有控制开关置于零位。

7）运转过程中，主、副塔监护人员应随时注意各机构电动机及电气设备有无异常声响，电动机及各处轴承有无异常发热现象，如果有异常，应及时停机，排除故障。

第三节　缆索式起重机日常检查和维护保养

一、缆索式起重机的日常检查

缆索式起重机运行前应按下述要求检查外形尺寸和装配是否符合设计规定，对钢丝绳的缠绕及固紧情况进行检查看是否符合要求。

1. 机械部分应进行的检查

1）对起升机构，应按安装使用维护说明书及电动机、制动器、减速器、高度限位器和起重量限制器等的使用说明书检查，其安装应正确；钢丝绳绳端的固定应牢固，在卷筒、滑轮中缠绕方向应正确。

2）对大车行走机构，按安装使用维护说明书及电动机（含制动器及减速器）、开式齿轮和行程开关、缓冲器等的使用说明书检查，其安装应正确。

3）对小车，按安装使用维护说明书检查，其安装应正确；各连接处的螺栓应按规定拧紧。

4）对大、小车限位装置，按安装使用维护说明书检查，其安装应正确。

5）对大车供电的高低压电缆卷筒装置，按安装使用维护说明书检查，其安装应正确。

6）传动轴转动应灵活、无卡阻现象。

7）齿轮啮合是否符合要求。

8）制动轮的装配质量应符合要求。

9）检查车轮在起动和制动时是否打滑。

10）对各润滑点进行检查，油路应畅通，各润滑点应按规定加润滑油或润滑脂。

11）清除轨道两侧所有的杂物；检查大车轮对轨道的间隙，清除妨碍使用的障碍物和无用物。

12）缓冲器与缓冲器挡架中心应对准。

2. 电气部分应进行的检查

1）用绝缘电阻表检查电路系统和所有电气设备的绝缘电阻。电控设备中各电路的对地绝缘电阻应大于 0.5MΩ。

2）对所有电动机、电气控制柜及电气设备零件等做直观检查。

3）对安装线缆测试，线缆应无短路、开路点，对地绝缘电阻值应大于 0.5MΩ。

4）在切断电源线路的情况下，检查动力回路、控制回路和照明回路的电缆接线，接线均应正确、整齐、绝缘良好；全部接线与图样相符，整个线路的绝缘电阻必须大于 0.5MΩ。

5）不带电动机情况下，对各机构操作回路进行模拟动作试验，其动作应正确可靠。

6）操作联动台各主令控制器及主令按钮，各机构电动机旋转方向应符合设计要求。

7）检查各机构制动器、限位开关、安全开关和紧急开关的工作可靠性。限位开关安装位置是否正确，动作是否灵敏。

8）应分析试验中可能发生的事故，制定有效的预防措施，保护人员安全。

二、缆索式起重机的维护保养

缆索式起重机的定期维护分为计划性维护和非计划性维护，根据维护保养的项目填写维保记录并在恢复使用前进行相应的功能验证，确保缆索式起重机安全正常的工作。

计划性维护根据每台起重机的工作级别、工作环境及使用状态，确定内容和周期。非计划性维护应在发生故障后或依据日常检查、定期检查、特殊检查的结果，确定需要维修、保养的内容和要求，并加以实施。

缆索式起重机的车轮、滑轮、吊钩、卷筒、平衡架、钢丝绳、齿轮传动、轴承、联轴器、大车轨道和各机构限位器等的通用部件维护同其他起重机械的零部件一致。下面介绍专用部件的维护。

1. 承马的维护

承马是缆索式起重机最关键的部件之一，缆索式起重机能否可靠地工作，在很大程度上取决于每个承马能否正确地动作。为了保证承马始终处于良好的技术状态，必须执行严格的技术管理制度。

（1）承马的更换安装

1）将承马挂装到主索上时，动压轮必须位于设计规定的一侧。为避免装反，应将动压轮和这侧开马轨表面均涂以黑色油漆。特别注意：承马装反将导致严重事故。

2）承马两夹索装置应在主索上垂直紧固夹牢，确保承马不致从主索上松脱坠下。安装时注意两索夹中一个在主索轴线方向均需有同样间隙，使起升索及牵引索置于承马内腔中，不得让起升索或牵引索掉出承马。

3）承马在主索上的挂装位置必须符合规定。

4）在主索上用油漆做好承马悬挂位置的记号，承马装上后每 3 ~ 4 周应移动 600 ~ 1000mm，重新夹牢，以改善主索内部钢丝受力。在索夹处用其他颜色加以标记，以便每次移动到不同的位置。

（2）承马的使用与检查

1）司机操作时，必须注意起升索和牵引索不可脱出承马，如果发现钢索有可能脱出某个承马时，应使小车在到达下一承马前停下并立即将有问题的承马拆下，进行检查修理。

2）检查承马夹索装置在主索上夹紧是否良好；承马的闭锁杠杆是否总能压过其死点，从而保证承马两拐臂张开和合拢状态；用手扳动承马两拐臂，检查各铰点的松动程度，下托轮与导板的间隙尺寸不应超过 4～5mm。如果查出超过，应即将该承马拆下，返回修理间进行修复。过大的松动会使两拐臂达不到足够的合拢，以致起升索或牵引索有脱出承马的危险。

3）检查承马上下托辊、半球托辊和压轮，特别是下托辊及压轮是否转动灵活，凡遇转动不灵的下托辊或压轮，应立即更换；因为下托辊及压轮受力较大，转动不灵活直接影响起升索或牵引索的使用寿命。

4）检查承马的尺寸符合设计要求。

5）检查承马各零件是否完好，润滑是否良好。

6）检查索夹在主索上垂直方向上的位置是否正确，否则需对索夹进行校正，以避免索夹歪斜后与小车行走轮干涉。

2. 小车的维护保养

1）每周检查开马轨到小车中心线的主要尺寸。

2）检查导绳槽到小车上铰点中心线的主要尺寸；对不符合要求的尺寸进行调整。

3）检查是否需要更换导绳槽上导绳用的尼龙件及压轮装置。压轮装置高低调整的原则是在任何工况下不与承马干涉即可，尽量减小钢丝绳对压轮的压力。

4）对小车楔形块的各结面加油。

5）对开马轨、关马轨与承马接触的内表面加油。

6）检查并校正中间连杆。

7）检查小车车轮、起升导向滑轮及各连接部位的转动、润滑和磨损情况。

3. 各机构的维护保养

（1）起升机构的维护保养　为了保证起升机构的正常工作，必须定期（约一月）检查起升机构的各转动部分和连接部分。

1）检查各连接螺栓。螺母有松动的要拧紧，有裂纹或损坏的要更换。

2）检查电动机、工作制动器、安全制动器和减速器。电动机、工作制动器、安全制动器和减速器的维护和保养分别按它们各自的使用说明书进行。

（2）行走机构的维护　为了保证机构的正常工作，必须定期（约一月）检查大车行走机构的各转动部分和连接部分。

1）检查各连接螺栓。螺母有松动的要拧紧，有裂纹或损坏的要更换。

2）大车行走机构由电动机（带制动器）及减速器的三合一装置驱动。交流变频电动机（带制动器）及减速器的维护和保养分别按它们各自的使用说明书进行。

3）检查键。键与键槽的配合应紧密，松动的键应更换，以防止壳部产生裂纹。禁止为达到键与键槽紧密配合的目的而在键与键槽之间放置垫片。

4）检查大车行走机构的误差，对超限部分应进行调整。

5）检查小齿轮与齿圈的工作状况、磨损程度以及啮合情况。如果有裂纹或断齿，应立即更换。当齿面点蚀损坏达啮合面的 30% 且深度达原齿厚的 10% 时，应更换。

（3）牵引机构的维护　为了保证机构的正常工作，必须定期（约一月）检查牵引机构的各转动部分和连接部分。

1）检查各连接螺栓。螺母有松动的要拧紧，有裂纹或损坏的要更换。

2）牵引机构由直流电动机驱动，经带制动盘梅花形弹性联轴器、减速器、鼓型齿联轴器驱动摩擦轮。电动机、联轴器及减速器的维护和保养分别按它们各自的使用说明书进行。

3）检查键。键与键槽的配合应紧密，松动的键应更换，以防止壳部产生裂纹。禁止为达到键与键槽紧密配合的目的而在键与键槽之间放置垫片。

4）检查牵引机构的误差，对超限部分应进行调整。

5）检查摩擦轮与牵引索的工作状况及磨损程度。由于在两个绳槽中牵引索张力的不同以及牵引索滑动程度不同，会造成两个绳槽磨损不同，从而加重摩擦衬垫的磨损，故必须经常检查摩擦轮绳槽的深度，当深度偏差超过 2mm 时，必须进行调整，使两槽深度相同。当摩擦轮衬垫实际厚度到 20mm 时，应立即更换。

第四节　缆索式起重机作业典型事故案例分析

以某水电站承建过程中使用的缆索式起重机为例，分析缆索式起重机常见的故障和排除方法，提高其使用性能和使用安全性。某水电站大坝设计为双曲拱坝，大坝适合缆索式起重机施工，采用 3 台平移式缆索式起重机布置方案，但在运行中频繁出现提升电动机故障、副塔天轮轴断裂及雷击等事故，在此提出以上事故的预防措施。

1. 缆索式起重机提升电动机故障预防

1）临时措施是提高欠电压保护值，从 80% 的欠电压保护提高到 85 %，也就是当整流变压器一次电压低于 85% 时就会使缆索式起重机断电，这样就避免了整流变压器二次电压过低引起逆变失败的情况。但缆索式起重机在重载时急停的次数增多，也会承受多次冲击疲劳，存在重大安全隐患。最后加装动态滤波无功补偿装置，使缆索式起重机的提升电动机（950kW）起动时不再引起电网电压闪变和电压波动。

2）在提升直流电动机电枢两端并接过电压及逆变消能平磁装置，减少瞬间过电压对电动机的冲击。

3）将缆索式起重机限速至 90% 运行，避免超载以及高速运行给电动机带来的强电流情况，降低电动机运行温度和长期高速对其的损伤积累。

2. 缆索式起重机副塔天轮轴断裂预防

1）改善天轮轴材料和热处理工艺，将轴肩台部位改为圆锥过渡，避免了天轮轴原来设计不足造成的应力集中；重新加工天轮轴（包括主塔天轮轴）并全部进行更换。

2）将天轮轴的材料改为 38CrMoAl 渗氮钢，热处理为调质渗氮，表面加工采取磨削后进行抛光处理等，进一步降低材料的切口敏感性，提升了天轮轴的疲劳安全系数，从而延长了天轮轴的使用寿命。

3. 雷击事故预防

1）直击雷防护。根据现场实际情况，在缆线上方横跨江面安装 6 根等间距避雷线，沿轨道方向上游侧和下游侧的 2 根避雷线分别布置在轨道端部外侧 5m 左右。为了保证绝缘水平，避雷线距缆索式起重机塔架、牵引索上支等最高点的距离不小于 1.5m。避雷线两端接地，使得在雷击时将雷电过电压引入地下以确保缆索式起重机安全。该系统保护范围覆盖缆索起重机上下游间全行程，左右岸宽 800m 矩形区域。可确保包括全部缆索式起重机本体及操作室、微波天线等在雷强度不大于 120kA 条件下不会遭受雷击伤害。对避雷线的受力、安全系数进行计算，可以确定避雷线锚固点的位置。避雷线下的尼龙绳可以悬挂照明灯及其电源电缆。

2）弱电设备防雷。为了保护弱电设备受到电压（雷电或电源系统内部过电压）侵袭时不致受损坏，按照有关标准的要求，对弱电设备的电源和信号部分加装或更换 SPD（浪涌保护器）智能配电系统。

3）采用单独回路供应单台缆索式起重机的一对一的供电方式，互为备用。

4）对牵引机构加装逆变消能灭磁保护装置，降低电压波动造成的冲击。

5）对缆索式起重机（轨道）、架空避雷线、司机室和中控柜等设备接地情况定期测试，对接地电阻偏大，无法及时、有效、快速地释放雷击瞬间大电流，起不到保护设备目的的不良接地进行改造，保证接地电阻小于 4Ω。

第七章
流动式起重机安全操作技术

流动式起重机的基本组成及工作原理

流动式起重机是指可以配置立柱或者塔柱，能在带载或不带载情况下沿无轨的路面运行且依靠自身重量保持稳定的臂架型起重机。它具有操作方便、机动灵活、转移迅速等优点，广泛应用于建筑施工、石油化工、水利电力、市政建设、港口车站、工矿与军工等部门的装卸和安装工程。

一、流动式起重机的分类和用途

1. 流动式起重机的分类和用途

根据《中华人民共和国特种设备安全法》《特种设备安全监察条例》的规定，原国家质检总局在 2014 年 10 月修订了《特种设备目录》，按照结构特点、运行方式及用途的不同，流动式起重机可分为轮胎起重机、履带起重机、集装箱正面吊运起重机和铁路起重机。

（1）轮胎起重机 轮胎起重机是指用轮胎行走的流动式起重机，其使用特制的运行底盘，车桥使用刚性悬架，在行驶和作业状态均使用同一个驾驶室，轴距短，可以带载行驶和全周作业，适用于建筑工地、码头、车站等相对稳定的场合，最大爬坡度为 8°～14°，如图 7-1 所示。

（2）履带起重机 履带起重机是用履带行走的流动式起重机，其起重作业部分安装在履带底盘上，以履带及其支承驱动装置为运行部分的起重机。这种起重机稳定性好，能在松软、泥泞地面上作业，爬坡能力强，转弯半径小，可以带载行驶，如图 7-2 所示。

图 7-1 轮胎起重机

图 7-2 履带起重机

（3）集装箱正面吊运起重机　集装箱正面吊运起重机是在自行轮胎底盘上装有可伸缩、俯仰的臂架，配备有能伸缩和旋转的国际标准集装箱专用吊具，能在整车荷载并行进中进行臂架伸缩、俯仰和吊具回转，广泛应用于集装箱码头、堆场和中转站，如图7-3所示。

（4）铁路起重机　铁路起重机是将起重作业部分安装在专用底盘上，用来从事装卸作业、设备安装以及铁路机车、车辆颠覆等事故救援的臂架型起重机。凡是路轨所到之处，该起重机都可以前往工作。铁路起重机只适于在铁路上使用。

图7-3　集装箱正面吊运起重机

图7-4　铁路起重机

2. 流动式起重机的主要参数

除第二章介绍的涉及流动式起重机参数外，还有以下主要参数：

1）支腿跨距：起重机作业时支腿的外伸尺寸。

2）通过性参数：起重机能够通过各种道路能力的参数，包括接近角、离去角、最小转弯半径、最小离地间隙和最大爬坡度。

3）外形尺寸：整机长度、宽度和高度的最大尺寸。

4）轴荷：起重机单轴的最大负荷。

5）自重：起重机在非工作状态下整机本身的重量。

二、流动式起重机的组成和原理

本节以履带起重机为例介绍流动式起重机的组成和原理。履带起重机一般采用内燃机-液压传动的动力方式，主要由金属机构、工作机构、动力传动系统、液压系统和安全保护装置等几部分组成，具体组成如图7-5所示。

1. 履带起重机金属机构

履带起重机的金属机构主要由起重臂、回转平台、底架及人字架等组成，主要起到支承履带起重机的吊运载荷的作用。

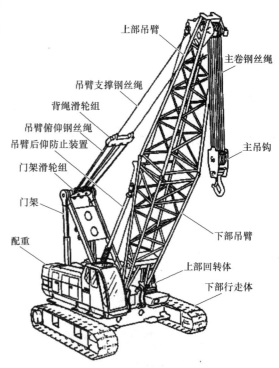

图7-5　履带起重机组成

114

（1）起重臂　起重臂是用来支承起升钢丝绳、滑轮组的钢结构，它可以俯仰以改变工作半径。其直接装在上部回转平台上，吊臂可以根据施工需要在主臂顶端装一副臂，扩大作业范围。起重臂分为伸缩臂和桁架臂两种基本型式，如图7-6和图7-7所示。前者由弦杆和腹杆组成，桁架臂自重较轻，自重引起的弯矩很小；同时，变幅拉力作用于起重臂前端，使臂架主要受轴向压力，增加起重臂的稳定性，可用于较大起重力矩的履带起重机。后者通过装在臂架内部的伸缩液压缸或由液压缸牵引的钢丝绳，使伸缩臂伸缩，从而改变起重臂长度；由于伸缩臂架自重产生的弯矩较大，使得臂架受到压弯应力的作用，稳定性较差，一般用于起重力矩较小的履带起重机。

图7-6　伸缩臂

图7-7　桁架臂

（2）回转平台　回转平台通常称为转台，如图7-8所示，其作用是起重机工作时为起重臂的后铰点、变幅机构或变幅液压缸提供足够的约束，将起升载荷、自重及其他载荷的作用通过回转支承装置传递到起重机底架上。回转平台要有足够的强度和刚度，并且要为各机构及配重的安装提供方便。另外，对于运行速度较高的履带起重机，转台还要能承受整个回转部分自重及起重机运行时的动载作用。

（3）底架　底架是整个起重机的基础结构，其作用是将起重机工作时作用在回转支承装置上的载荷传递到起重机的支承装置上。因此，车架的刚度、强度将直接决定起重机的刚度和强度。对于履带起重机，车架也是运行部分的骨架，如图7-9所示。

（4）配重　配重是安装在履带起重机回转平台尾部的、具有一定形状的铁块，目的是确保起重机能稳定地工作。在必要时，这些铁块可以卸下后单独搬运，如图7-9所示。

图7-8　回转平台

图7-9　底架、配重

（5）人字架 人字架是钢丝绳变幅履带起重机的重要金属结构，如图7-10所示，其变幅钢丝绳通过人字架与吊臂上端连接，实现吊臂的俯仰变幅，同时，人字架承担钢丝绳变幅过程中产生的拉力。人字架、钢丝绳及起重臂组成起升和变幅系统，确保履带起重机的性能。人字架要求具有足够的强度和刚度，确保变幅过程的稳定性和变幅机构工作位置的准确性。

图 7-10　人字架

2. 履带起重机金属机构安全技术要求

1）履带起重机结构件材料和形式应满足使用过程中的强度、刚性、稳定性、防腐和有关安全性方面的要求。

2）选用新材料应进行工艺验证。

3）当臂架截面高度大于2m时，臂架的上表面应设置臂架的安装、拆卸、维修和保养的通道及安全防护设施。

3. 履带起重机工作机构组成及原理

履带起重机的工作机构包括动力装置、动力传递机构、操作机构、起升机构、变幅机构、回转机构、吊臂伸缩机构和运行机构等。动力装置和动力传递机构为履带起重机提供动力，将动力以不同能量形式转化并传递，为诸多工作机构提供终端动力；操作机构实现对设备不同状态的操控，实现各项功能；起升机构可以实现吊钩的垂直上下运动；变幅机构可以实现吊钩在垂直平面内移动；回转机构可以实现吊钩在水平平面内移动；吊臂伸缩机构可以在伸缩吊臂的同时改变起重机工作幅度和起升高度；运行机构实现履带起重机的带载运行功能。

（1）动力装置 履带起重机常用的动力源是内燃机，其特点是燃料在机器内部燃烧，将热能转变为机械能。按燃料不同一般使用柴油内燃机，按行程的数量一般使用四冲程内燃机。

把曲轴转两圈（720°），活塞在气缸内上下往复运动四个行程，完成一个工作循环的内燃机称为四冲程内燃机，包括进气行程、压缩行程、做功行程和排气行程，如图7-11所示。进气行程是进气阀打开，活塞向下运动，燃油和空气的混合物进入气缸，当活塞运动至最低时，进气阀关闭；压缩行程是进气阀与排气阀都关闭时，活塞在惯性下向上运动，混合气体被压缩，当活塞运动至最顶部时，压缩行程结束；做功行程是指燃烧的气体急剧膨胀，推动活塞下行，将内能转化为机械能；排气行程是指排气阀打开，活塞向上运动，将燃烧后的废气排出，当活塞运动至最顶部时，排气阀关闭。

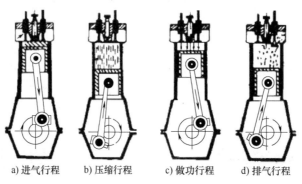

a) 进气行程　　b) 压缩行程　　c) 做功行程　　d) 排气行程

图 7-11　四冲程内燃机的工作循环

（2）机械传动机构 履带起重机的机械传动机构包括液压泵、管路、液压马达及各控制阀体，其能够实现能量的转换，传递机构将内燃机产生的机械能转化成液压泵的液压能，同时液压马达将液压能转变成机械能，实现各工作机构的正常运转。

履带式起重机的液压泵直接与发动机相联，将液压油压力传递给液压马达，通过液压马达驱动负载卷扬、起重臂变幅、回转及行走等各个机构。以上各液压回路中均设有溢流阀，防止由于过负荷或冲击压力损坏液压设备。所有的减速齿轮机构均为油浴式（浸油）润滑。

（3）操作机构 操作机构操作和控制起重机各工作机构按要求进行起动、调速、换向、停止，从而实现起重机作业的各种动作。操作机构主要由操作杆、控制阀、按钮、开关和控制器等组成。

（4）起升机构 起升机构通常由驱动装置、减速装置、卷筒、滑轮、钢丝绳、制动装置和取物装置等组成。其主要作用是在起升高度范围内，以一定的速度，将起升载荷提升、悬停和下降。起升机构的最基本形式如图7-12所示，液压马达通过带有常闭式多片制动器的高速轴与行星减速器的太阳轮相连，通过两级行星减速器，将动力传递到安装在减速器外面的卷筒上，实现重物的起升和下降。

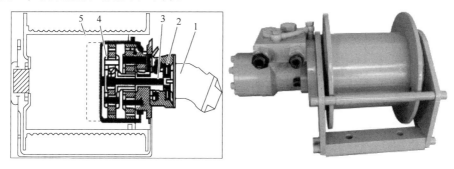

图7-12　起升机构的最基本形式
1—液压马达　2—制动器　3—高速轴　4—太阳轮　5—卷筒

（5）变幅机构 履带起重机通常通过改变起重臂的仰角度来改变作业幅度，扩大和调整工作范围。变幅机构的形式有挠性变幅机构（钢丝绳滑轮组）和刚性变幅机构（液压缸变幅），如图7-13和图7-14所示。刚性变幅机构主要通过液压缸推动吊臂的俯仰角度变化实现载荷幅度的改变，主要适用于箱型吊臂的履带起重机；挠性变幅机构主要通过变幅钢丝绳的收放调整起重臂俯仰角度实现变幅，主要适用于桁架臂履带起重机。

图7-13　刚性变幅机构

图7-14　挠性变幅机构

（6）回转机构　回转机构是履带起重机工作最频繁的机构，其作用是支承起重机回转部分的自重及起升载荷的垂直作用和倾翻力矩作用，并在驱动装置的作用下绕回转中心整周回转。履带起重机的回转机构由两部分组成，即回转支承装置和回转驱动机构，如图 7-15 所示。

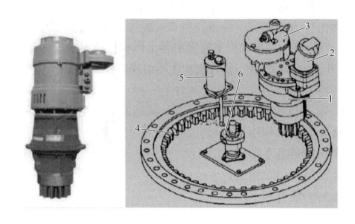

图 7-15　回转机构
1—制动器　2—液压马达　3—行星减速器　4—回转大齿圈　5—润滑油杯　6—中央回转接头

履带起重机回转马达通过行星齿轮减速两级后带动回转主动小齿轮，小齿轮装在花键处轴上，带动大齿圈。改变回转马达的转向，即可改变回转的方向。当回转操作杆扳到空档位置时，由于惯性，回转还将继续一会儿。通过驾驶室中的一个开关控制由蓄能器来的液压油，便可控制回转马达和减速齿轮间的圆盘制动器的制动和松脱。回转锁操作杆为机械式，可锁住回转装置连同其上部结构，锁住位置任意。

（7）伸缩机构　伸缩机构由伸缩液压缸、液压缸支撑机构、平衡阀、滑块及其他传动机构组成，伸缩臂、液压缸等安装在基本臂内，液压缸通入液压油时，伸缩臂可以在基本臂内伸出和缩回，满足工作要求，如图 7-16 所示。伸缩机构是采用伸缩式起重臂的履带起重机所特有的机构，其作用是改变伸缩式起重臂的长度，承受由起升质量和伸缩臂质量所引起的轴向载荷。

图 7-16　伸缩机构

按伸缩臂伸缩过程，伸缩机构可分为顺序伸缩和同步伸缩两种形式。

（8）行走机构　行走机构是履带式起重机的下部行走部分，是履带式起重机的底盘，是上车回转部分的基础，如图 7-17 所示。其主要包括履带、驱动轮、导向轮、支承轮、上托轮、行走马达、行走减速器、履带张紧装置及履带伸缩液压缸等。履带起重机的垂直载荷通过支承轮作用在履带板上，与履带板啮合的驱动轮将驱动力作用在履带上，从而使起重机在履带上运行。

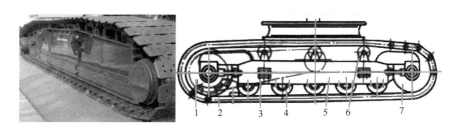

图 7-17　行走机构

1—驱动轮　2—履带板　3—驱动链条　4—支承轮　5—履带架　6—托链轮　7—导向轮

4. 履带起重机工作机构安全技术要求

1）起重作业时，载荷起升或下降动作应平稳，载荷在任何位置均能可靠停稳。

2）载荷在空中停稳后，再次起动提升载荷时，在任何提升操作条件下，载荷均不应出现明显的反向动作。

3）严禁起重机带载自由下降，应通过动力来控制载荷的下降速度。

4）起升机构宜配置卷筒旋转指示器或监视装置，将其设置在操作人员易于观察的位置。

5）起升机构应设置常闭式制动器，制动器的制动力矩不应小于1.5倍的最大工作转矩。在紧急状态下制动不应导致结构、钢丝绳、卷筒及机构的损害。

6）对于采用多卷扬同步单钩作业的起重机，应具有同步功能。

7）臂架变幅采用卷扬机构时，卷扬机构应设置常闭式制动器，制动器的制动力矩不应小于1.5倍的最大工作转矩。

8）多层缠绕的卷筒，应有防止钢丝绳从卷筒端部滑落的凸缘，凸缘超出最外层钢丝绳的高度不应小于钢丝绳直径的1.5倍。

9）吊具下降到制造厂规定的最低极限位置时，起升钢丝绳在卷筒上的剩余安全圈（不包括固定绳端所占的圈数）至少应保持2圈。臂架下降到制造厂规定的最低极限位置时，变幅钢丝绳在卷筒上的剩余安全圈（不包括固定绳端所占的圈数）至少应保持2圈。

10）卷筒宜设置钢丝绳不跳出卷筒，甚至在钢丝绳松弛状态时也不能跳出卷筒的防护装置。起重作业时人手可触及的滑轮组，应设置滑轮罩壳。对可能滑落到地面的滑轮组，其滑轮罩壳应有足够的强度和刚度。吊钩应设置防脱装置。吊钩滑轮组应设置挡绳装置。

11）回转机构应能随着起重机正常工作的要求而起动或停止，起动和停止应平稳。回转机构应设置制动器，制动器的制动力矩不应小于1.25倍的最大工作转矩，最大工作转矩包括风载荷和允许的倾斜载荷。制动器在所有允许的回转位置应都能起作用。

12）行走机构应具有向前和向后行走及单侧转向和原地转向的功能。起重机以最高运行速度行走时，应保证起动和制动时的安全。

5. 流动式起重机的液压系统及技术要求

液压传动通过油液压力能来传递动力和运动，压力取决于负载，速度取决于流量。液压系统由动力元件、执行元件、控制调节元件、辅助元件和传动介质等组成。

1）动力元件：主要是液压泵。液压泵按排量分为定量和变量两种，按结构分为齿轮泵、柱塞泵、叶片泵。一般的中小吨位流动式起重机中最常用的是齿轮泵，其为定量泵。

2）执行元件：主要是液压缸和液压马达，如图 7-18 所示。常用液压缸是活塞式伸缩液压缸，主要用于起升机构和变幅机构中。常用马达是低速大转矩马达，主要用在起升机构和回转机构中。

活塞缸与柱塞缸组合
双作用单出杆活塞液压缸
柱塞式液压缸
双作用双出杆活塞液压缸

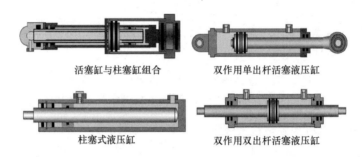

图 7-18　执行元件

3）控制调节元件：主要是方向控制阀、压力控制阀、流量控制阀等。方向控制阀主要有单向阀、液控单向阀、双向液压锁和换向阀等。压力控制阀主要有溢流阀、平衡阀等。流量控制阀主要有节流阀、调速阀、溢流节流阀和分流节流阀等。常见调节元件符号如图 7-19 所示。

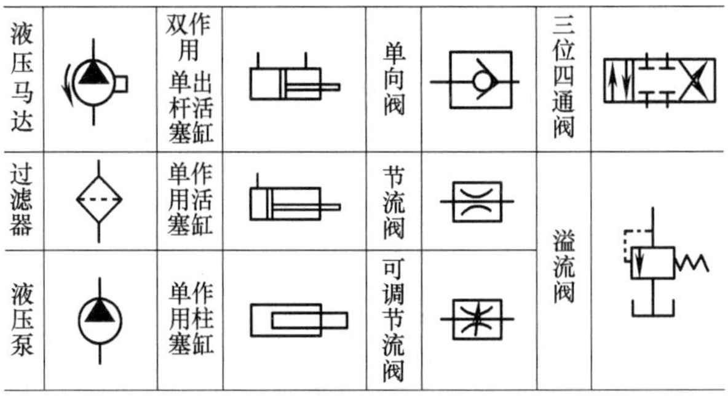

液压马达
双作用单出杆活塞缸
单向阀
三位四通阀
过滤器
单作用活塞缸
节流阀
溢流阀
液压泵
单作用柱塞缸
可调节流阀

图 7-19　常见调节元件符号

4）辅助元件：主要包括油箱、油管、接头、压力表、过滤器、中心回转接头、操作手柄、蓄能器和密封圈等。

5）传动介质：主要是液压油，起润滑、冷却、密封作用。

6）液压系统的安全技术要求

① 液压系统应有压力表，指示准确。

② 平衡阀与被控元件之间应采用刚性连接，间距尽量短。液压系统应有防止过载和冲击的装置。采用溢流阀时，溢流压力不得大于系统工作压力的 110%。

③ 应有良好的过滤器或其他防止液压油污染的措施。

④ 液压系统中，应有防止被吊重物或臂架驱动使执行元件超速的措施。

⑤ 液压系统工作时，液压油的温升不得超过 40℃。

⑥ 支腿液压缸处于支撑状态时，基本臂在最小幅度悬吊最大额定起重量，15min 后，变幅液压缸和支腿液压缸活塞杆的回缩量均应不大于 6mm。

⑦ 平衡阀必须直接或用钢管连接在变幅液压缸、伸缩液压缸和卷扬马达上，不得用软

管连接。

⑧ 使用蓄能器时，蓄能器充气压力与安装应符合规定。

⑨ 手动换向阀的操作与指示方向一致，操作轻便，无冲击跳动。起升离合器操作手柄应设有锁止机构，工作可靠。

⑩ 起重机在正常工作时（包括性能试验过程），液压系统不应有渗漏油现象。

⑪ 液压钢管末端有接头时，其安全系数不应小于 2.5。

⑫ 液压软管的技术要求应符合规定，其安全系数不应小于 4。

⑬ 承载液压缸（如支腿液压缸、桅杆顶升液压缸）应装有与之采用刚性连接的安全装置（如液压锁、平衡阀等），防止因液压管路意外破裂而导致安全事故。

⑭ 两并联同步液压缸应设置防过载液压阀，当一个液压缸失效时，另一个液压缸可避免过载。

⑮ 液压缸的端口和阀（如保护阀）之间的焊接或装配连接件，爆破压力与工作压力的安全系数不应小于 2.5。

三、流动式起重机的安全保护装置及要求

按照 GB 6067.1—2010《起重机械安全规程　第 1 部分：总则》的要求，流动式起重机应装设以下安全防护装置。

1. 力矩限制器

起重机应配置力矩限制器，如图 7-20 所示。力矩限制器至少具备以下功能：

1）操作中能持续显示额定起重量或额定起重力矩、实际起重量或实际起重力矩、载荷百分比，并应通过指示灯显示载荷状态：

① 绿灯亮：表示实际起重量或实际起重力矩小于实际幅度所对应的相应额定起重量或额定起重力矩的 90%。

② 黄灯亮：表示实际起重量或实际起重力矩在实际幅度所对应的相应额定起重量或额定起重力矩的 90%~100%，同时蜂鸣器断续报警。

③ 红灯亮：表示实际起重量或实际起重力矩大于实际幅度所对应的相应额定起重量或额定起重力矩的 100%，同时蜂鸣器连续报警。

2）显示了履带起重机的工作幅度和臂架仰角。

3）当相应幅度的实际起重量在 100%~110% 额定起重量时，自动停止起重机向危险方向（工作幅度增大、臂架仰角减小）的动作，但是可以向安全（工作幅度减小、臂架仰角增大）的方向运行。

图 7-20　起重机力矩限制器

4）在履带起重机达到起升高度、下降深度、超载和角度限位等极限状态时，应显示相应的报警指示，即使打开强制作业开关，报警指示也不应自动解除。

2. 起升高度限位器

起重机应配置起升高度限位器，如7-21图所示。当取物装置上升到设计规定的上极限位置时，应能立即切断起升动力源。在此极限位置的上方，还应留有足够的空余高度，以适应上升制动行程的要求。

3. 下降深度限位器

起重机应配置下降深度限位器。当取物装置下降到设计规定的下极限位置时，应能立即切断下降动力源，确保钢丝绳在卷筒上的剩余安全圈（不包括固定绳端所占的圈数）至少保持2圈。

4. 变幅限位器

起重机应配置变幅限位器，如图7-22所示。臂架在极限位置时，控制系统应自动停止变幅向危险方向动作，确保钢丝绳在卷筒上的剩余安全圈（不包括固定绳端所占的圈数）至少应保持2圈。

图7-21　起升高度限位器

图7-22　变幅限位器

5. 防后倾装置

钢丝绳变幅的臂架型起重机应该设置防后倾装置，如图7-23所示，其可吸收钢丝绳或吊具因故障突然释放载荷造成的冲击，防止臂架向后运动，避免产生流动式起重机倾翻的事故。液压缸变幅的流动式起重机不需要装设防后倾装置。

6. 角度限位器

起重机应设置角度限位器，如图7-24所示。角度限位器可有效限制主臂、副臂的最大、最小工作角度。

7. 水平显示器

流动式起重机应该在起重机的司机室中或操作者附近的视线之内安装水平显示器。水平显示器的显示误差不应大于0.1°

8. 故障显示装置

起重机应设置故障显示装置，故障显示方式应使用文字、图形或语音等。

9. 警告灯

起重机应设置臂架顶端警告灯。

图 7-23　防后倾装置

图 7-24　角度限位器

10. 风速仪

起重机臂长超过 50m 时应设置风速仪，当风速超过设定值报警。

第二节　流动式起重机安全操作规程

一、流动式起重机司机的职责

1）严格执行流动式起重机有关安全管理制度，按照安全操作规程的要求进行操作。

2）做好试运行检查记录、设备运转记录，按照规定填写作业、交接班等记录。

3）严格遵守施工现场的安全管理规定。

4）对流动式起重机进行经常性维护保养，对发现的异常情况及时处理并且记录。

5）作业过程中发现事故隐患或者其他不安全因素，应当立即采取紧急措施并且按照规定的程序向流动式起重机现场安全管理人员和单位有关负责人报告。

6）严格按照现场指挥人员的指挥信号作业，严禁违章操作，做到"十不吊"，保障流动式起重机安全运行。

7）参加用人单位和专业培训机构开展的安全教育和技能培训，并通过特种设备作业人员考试机构的考试，由发证机构发证后方可上岗（Q2，限流动式起重机）。

8）定期参加应急演练，掌握相应的应急处置技能。

二、流动式起重机安全操作规程

1）熟悉流动式起重机安全操作规程，严格按照安全操作规程和现场指挥人员的指挥信号进行操作。

2）设备起动前确认各部件是否完好。

3）设备行驶前将吊钩用封钩绳挂牢，吊臂放到规定的角度，转台销牢。

4）作业前安全操作要求：

① 了解现场情况（包括场地地基、作业环境和载荷种类等），选择安全适当的位置停车，确定风力级数和方向，为起吊做好准备。

② 制定详细可行的作业方案，包括起吊方案、回转及变幅方案及带载运行的方案。

③ 应避免在斜坡上作业。特殊情况，需在斜坡上作业时，严格按照起重机使用说明书的要求操作。

④ 检查配重的可靠性，确保起重机作业时的稳定性。

5）空载试运行，检查升降、回转及变幅有无异常，各部位的连接装置是否可靠。

6）重载试运行，将重物吊起，高度不超过0.5m，检查制动等安全防护装置是否良好有效。

7）吊挂重物，要确认吊钩汇合处的夹角不超过120°，吊绳受力点的棱角处应加衬垫。

8）作业中安全操作要求：

① 服从指挥，眼随钩走，起钩平稳，落钩轻准。

② 必须严格按照起重机负荷表的规定进行作业，要注意时刻观察力矩限制器的显示情况。

③ 起吊货物时要垂直起落，货物吊起不宜过高，能越过障碍物即可。

④ 重物下降时，严禁紧急制动。

⑤ 吊钩运行线下有人禁止作业。

⑥ 起吊长、大、笨重货物时，速度要慢，货物两端须有安全绳牵拉。

⑦ 当风力大于7级（风速≥13.9m/s）时应停止作业并采取防风措施。

⑧ 吊钩不得触地，以免钢丝绳从滑轮中脱出，降钩时钢丝绳在卷筒上的圈数不得少于3圈。

⑨ 发现在吊起的货物上进行拆卸、加固、锤打等操作时，应停止作业并予以制止。

⑩ 当起重机在松软或不平的地面上作业时，轮胎或履带下必须用坚固的垫板垫平并降负荷使用。

⑪ 在吊挂重物时，不准伸缩吊杆。

⑫ 流动式起重机作业时，一般应该是一人操作一人指挥。

⑬ 不得在高压线附近进行作业，特殊情况下应采取可靠的停电措施或保持必要的安全距离，起重机与输电线的最小距离见表7-1。

表7-1　起重机与输电线的最小距离

输电线路电压/kV	<1	1~20	35~110	154	220	330
最小距离/m	1.5	2	4	5	6	7

9）两台或多台起重机吊运同一重物作业时的操作要求：

① 钢丝绳应保持垂直。

② 每台起重机的升降、回转应保持同步。

③ 每台起重机所受载荷均不得超过各自额定载荷的80%。

④ 作业前，司机要了解安全注意事项、预控措施。

⑤ 确认指挥工站位和指挥信号。

⑥ 当起吊到0.5m高度时，停钩检查，确认无误后，再行起吊。

10）作业后安全操作要求：

① 作业后，起重机各系统应完全收回，各起升、回转开关处于"关闭"位置，锁好转台，所有控制杆处于中位位置。

② 将臂架放至安全位置，确定制动装置有效、可靠。

③ 将流动式起重机运行至规定位置停机。

④ 记录各机构的运转情况，检查各零部件、安全保护装置及液压系统部件的使用状况，做好记录。

⑤ 做好交接班工作，将运行情况和故障情况详细记录，必要时与下一班司机面对面交流。

第三节 流动式起重机日常检查和维护保养

一、流动式起重机的日常检查

1. 流动式起重机运行前检查

1）必须进行交接班手续，检查起重机履历书及交接班记录等的填写情况及记载事项。检查作业条件是否符合要求。

2）查看影响起重作业的障碍因素，特别是铁路线或公路线附近的作业更应小心。

3）检查起重机技术状况，特别注意安全装置工况。

4）确定起重机的工作装置合乎要求，查看吊钩、钢丝绳及滑轮组的倍率。

5）松开吊钩，仰起吊臂，低速运转各工作机构。如果在冬季，应延长空运转时间，液压起重机应保证液压油温度在15℃以上方可开始工作。

6）如果起重机装有电子力矩限制器或安全负荷指示器，应对其功能进行检查。

7）如果设有蓄能器，应检查其压力是否符合规定，利用离合器操作手柄检查离合器的功能是否正常。

8）查看配重状态。

9）观察各部仪表、指示灯是否显示正常。

10）平稳操作起升、变幅、伸缩，回转各工作机构及制动踏板，各部功能正常方可进行起重作业。

2. 流动式起重机运行后检查

1）运行后起重机各系统应完全收回，各起升、回转开关处于"关闭"位置，锁好转台、支腿，所有控制杆处于"中立"位置。

2）记录各机构的运转情况，检查各零部件、安全保护装置及液压系统部件的使用状况，做好记录。

3）做好交接班工作，将运行情况和故障情况详细记录，必要时与下一班司机面对面交流。

二、流动式起重机维护保养要求

1）流动式起重机应根据使用说明书的要求，制订详细的预防性维护计划并定期实施。维护报告应存档。

2）应按照制造厂家的要求使用专用或指定的润滑油，定期对运动部件、钢丝绳和链条进行润滑。应定期检查强制润滑系统能否进行正确的润滑。

3）应经常对液压传输控制系统进行维护，防止发生操作事故或液压油泄漏事故。若液压油泄漏，应彻底清除，避免污染环境。

4）起重机处于工作状态时，不应进行维护、修理及人工润滑。停机维护时应采取下列安全预防措施：

① 起重机应转移到安全区域，将吊臂下降至支架上，在吊臂无法下降的情况下，应尽可能将吊钩滑轮组下降至地面，否则应将吊钩滑轮组机械固定。

② 将所有控制器置于空档位置并关闭开关，锁定起动器，取下点火钥匙。

③ 安装或拆卸吊臂时，应将吊臂垫实或固定牢靠，严禁人员在吊臂下方停留或通过。

④ 手、脚、衣服应远离齿轮、绳索和滑轮组。

⑤ 不应用手穿钢丝绳，应使用木棒或铁棍排绳。

⑥ 在重新起动前，应安装好防护装置和面板并通知周围人员撤离至安全位置。

⑦ 凡2m以上的高处维修作业，应采取防坠落措施。

三、流动式起重机保养的分类与间隔周期

（1）例行保养　起重机在每日作业前，运转中及作业后，所进行的检查、清洗和预防性保养措施。例保工作由司机进行。

（2）定期保养　起重机工作一定时间后所进行的一种预防性维护保养措施。定期保养可分为一级保养、二级保养和三级保养。一级保养以紧固和润滑为中心，二级保养以检查调整为中心，三级保养以解体检查，消除隐患为中心。一级保养的间隔期为100工作小时，二级保养为600工作小时，三级保养为1800工作小时。

（3）换季保养　根据气温变化更换油脂。

（4）走合保养　新机或大修后磨合性保养，走合期为100工作小时，走合后更换润滑油。

四、流动式起重机维护保养工作内容

清洁、润滑、紧固、调整、防腐及更换。

五、流动式起重机液压系统的维护

1）合理使用液压油：液压油最适合的工作温度是35～50℃。

2）重视换油工作：换油周期一年或800工作小时。

3）对液压元件不得随意拆卸和调整

第四节　流动式起重机作业典型事故案例分析

一、超载起吊导致倾翻折臂事故

1. 事故概述

2000年，某公司在一建设工地用一台50t流动式起重机在进行卸煤沟廊道板墙钢筋上料施工时，准备将一批钢筋放置在廊道西侧双排架子上面，就位半径约20m。起重工捆绑挂好

钩后，司机按起重指挥信号将钢筋先从拖拉机上吊起（此时回转半径为 14m），然后回转、变幅，在增大幅度变幅过程中，致使起重机倾翻折臂，造成第四、五节臂损坏。事故现场如图 7-25 所示。

图 7-25　事故现场

2. 事故原因分析

事故发生后，经勘查现场测量分析得知：此次起吊的物品是 $\phi25mm$ 的钢筋，长 3.6m，共 168 根，计 2.3t。而该起重机的力矩限制器损坏后还未修复。经测量，钢筋就位半径 R 约为 20m，而该起重机在 $R = 20m$ 时的净起重质量仅为 2.2t。在力矩限制器未修复的情况下，司机对所吊重物质量轻信了指挥人员所提供的口头数据，即"不超过 2t"，造成事故。因此，此次事故原因就是因为操作人员在起重机力矩限制器失效的情况下，未对起吊重物的质量作详细核实，同时对就位半径也没有实测清楚；且在此恶劣的场地上全部伸出臂杆时，没有做到谨慎操作，没有严格执行起重机安全操作规程及"十不吊"规定，造成事故发生。

3. 事故预防措施

1）起重机械安全保护装置（力矩限制器）要始终处于灵敏可靠状态。

2）加强司机、指挥及现场人员的安全知识、操作技能和专业知识培训，让其进一步了解流动式起重机的工作原理，特别是对起重力矩要深入了解，确保流动式起重机的作业安全。

3）加强作业现场管理，指定专门的指挥人员且指挥人员应该持证上岗，确保现场指挥的准确性。

第八章
升降机安全操作技术

升降机是一种用吊笼载人、载物沿导轨做上下运输，临时安装的、带有导向的平台、吊笼或其他运载装置，并可在建设施工工地各层站停靠服务的施工升降机械。广泛用于建筑施工等领域，如市政工程施工、房屋建筑工程施工、大型烟囱施工等场所，是运输物料及人员的理想设备。

第一节
升降机的基本组成及工作原理

一、升降机的分类和用途

根据《特种设备目录》的分类规定，升降机分为施工升降机和简易施工升降机两大类。施工升降机是临时安装的、带有导向的平台、吊笼或其他运载装置，并可在建设施工工地各层站停靠服务的升降机械，如图 8-1 所示。简易升降机是以曳引机、卷扬机、电动葫芦、液压泵站等作为驱动装置，通过钢丝绳、齿轮齿条、链条或液压缸等部件带动货厢，在井道内沿垂直或与垂直方向倾斜角小于 15°的刚性导向装置运行的仅用于运载货物的起重机械，如图 8-2 所示。

施工升降机在市政工程工地和房屋建筑工地中大量应用，是垂直运送物料和工人的高效设备，以下重点介绍。简易升降机主要用于多层车间货物的垂直运输，提高货物的运送效率，仅在某些特殊的行业和场合使用，本部分不做重点介绍。

图 8-1　施工升降机

图 8-2　简易升降机

1. 施工升降机分类及用途

1）根据传动和提升方式的不同，施工升降机主要分为三类，即齿轮齿条式施工升降机、钢丝绳式施工升降机和混合式施工升降机。

① 齿条齿轮式施工升降机。是通过布置在吊笼上的传动装置中的齿轮与布置在导轨架上的齿条相啮合，使吊笼沿导轨架做上下运动，来完成人员和物料运输的施工升降机。

② 钢丝绳式施工升降机。是由提升钢丝绳通过布置在导轨架上的导向滑轮，用曳引电动机使吊笼沿导轨架上下运动的施工升降机。

③ 混合式施工升降机。同时具有齿条齿轮式和钢丝绳式施工升降机的特点。

2）施工升降机根据用途不同分为货用施工升降机和人货两用施工升降机。

① 货用施工升降机。仅为搬运建材机具等货物而设计的升降机，大容量者可连同货车、堆高机等一起搬运。

② 人货两用施工升降机。为运送工作人员及搬运建材机具等小型货物而设计的升降机，其吊笼无内部装饰，井架导轨机构简易，目前普遍使用于高楼建筑工地中。

2. 施工升降机的主要参数

（1）额定载重量　工作工况下吊笼允许的最大载荷。

（2）额定安装载重量　安装工况下吊笼允许的最大载荷。

（3）额定乘员数　包括司机在内的吊笼限乘人数。

（4）额定提升速度　吊笼装载额定载重量，在额定功率下稳定上升的设计速度。

（5）最大提升高度　吊笼运行至最高上限位位置时，吊笼底板与底架平面间的垂直距离。

（6）最大行程　吊笼允许的最大运行距离。

（7）最大独立高度　导轨架在无侧面附着时，能保证施工升降机正常作业的最大架设高度。

（8）工作循环　吊笼按电动机接电持续率，从下限位上升至上限位，制动暂停，而后反向下行至下限位，制动暂停，这个过程称为一个工作循环。

二、施工升降机的组成和原理

施工升降机由金属结构、工作机构、电气控制系统及安全保护装置等几部分组成，以下将各部分作详细的介绍。

1. 施工升降机金属结构及作用

施工升降机的金属结构由导轨架、附墙架、吊笼、防护围栏、基础底架、层门、对重及电缆供电装置组成。

（1）导轨架　导轨架是吊笼上下运动的导轨、升降机的主体，能承受规定的各种载荷，由通用标准节经高强度螺栓连接成所需的高度，齿条通过螺栓与架体相连，组成施工升降机的导轨。对于带对重的升降机的标准节，除了装设吊笼导轨外还需要在标准节的另一侧装设对重导轨。对于齿轮齿条式施工升降机，其导轨架一般采用无缝钢管和型钢焊接制作成具有互换性的标准节，如图8-3所示。

（2）附墙架　附墙架是用来使导轨架可靠地支承在所施工的建设物上，多由型钢或钢管焊成平面桁架。其作用是保证施工升降机使用过程中架体的稳定性和垂直度，当导轨架的高度超过最大独立高度时应设有附着装置，如图8-3所示。

（3）吊笼　吊笼是施工升降机的核心部分，是运输物料和人员的承载结构，通过传动系统使之沿轨道上下运行，如图8-4所示。吊笼为焊接结构体，四周为钢丝网或钢丝网组成的封闭式结构，前、后装有可升降的门，供装卸货物和人员出入。一般进口为单行门，而出口为双行门。吊笼与导轨架相邻一侧装有支承滚轮，支承在导轨架上。

（4）防护围栏　施工升降机的防护围栏用于防止地面人员接触到运动部件，如图 8-4 所示。地面防护围栏应围成一周，包括对重在内的所有部件都应该被包围，围栏高度符合要求。防护围栏的前方设有登机门；为便于维修，围栏另设入口门，该门只能从里面打开。围栏门安装有机械联锁装置，目的是防止在吊笼工作时，人员误入吊笼运动通道，防止吊笼或吊笼内货物坠落击伤人员。在进料口上部设有兼顾的顶棚，能承受重物打击。

图 8-3　导轨架和附墙架

图 8-4　吊笼和防护围栏

（5）基础底架　基础底架用于承受施工升降机作用于其上的所有载荷并传递到其支承基础表面，底架四周与防护围栏相连接。

（6）层门　层门是安装在施工升降机所到达楼层的层站入口的防护装置。层门不应朝升降通道打开，可载人的施工升降机层门只能从吊笼侧打开。层门上通常设有机电联锁装置，只有吊笼到达相应位置时才能开启。

（7）对重　在钢丝绳曳引驱动和齿轮齿条式施工升降机中，一般均装有对重，用来平衡吊笼的重量，以减少主电动机输出功率，节省能源同时也改善了导轨架的受力状态，提高了施工升降机运行的平衡性，对重应在导轨架上运行，不可悬浮放置，如图 8-5 所示。

（8）电缆供电装置　电缆供电装置包括主电缆、电缆卷筒、电缆臂架和电缆导架。电缆卷筒是用来收、放主电缆的部件；电缆臂架是拖动主电缆上下运行的装置，主电缆由电缆臂架拖动，安全地通过电缆导架，防止电缆被刮伤而发生意外。电缆臂架将主电缆挑出防护围栏外，使主电缆安全地被收入电缆卷筒内。电缆导架的设置是在确保主电缆运行安全；当设备运行时保证电缆处于电缆导架的

图 8-5　对重

护圈之内，防止吊笼在运行过程中主电缆与附近其他设备缠绕发生危险。

2. 施工升降机金属结构安全技术要求

1）吊笼和对重升降通道周围应设置地面防护围栏。

2）地面防护围栏的高度不应低于 1.8m。对于钢丝绳式的货用施工升降机，其地面防护

围栏的高度不应低于 1.5m。

3）围栏登机门应装有机械锁止装置和电气安全开关，使吊笼只有位于底部规定位置时，围栏登机门才能开启且开启后吊笼不能起动。钢丝绳式货用施工升降机，围栏登机门应装有电气安全开关，使吊笼只有在围栏登机门关好后才能起动。

4）层门不得向吊笼运行通道一侧开启，实体板的层门上应在视线位置设观察窗。层门的净宽度与吊笼进出口宽度之差不得大于 120mm。全高度层门开启后的净高度不应小于 2.0m。在特殊情况下，当进入建筑物的入口高度小于 2.0m 时，允许降低层门框架高度，但净高度不应小于 1.8m。

5）装载和卸载时，吊笼门框外缘与登机平台边缘之间的水平距离不应大于 50mm。人货两用施工升降机机械传动层门的开、关过程应由吊笼内乘员操作，不得受吊笼运动的直接控制。所有锁止元件的嵌入深度不应少于 7mm。

6）封闭式吊笼内应有永久性的电气照明，当外接电源断电时，应有应急照明。吊笼门应装有机械锁止装置和电气安全开关，只有当门完全关闭后，吊笼才能起动。

3. 施工升降机工作机构及原理

施工升降机的工作机构主要指驱动吊笼垂直上下的运行机构，其由电动机、蜗杆减速器、齿轮、齿条、钢丝绳及配重等组成。施工升降机工作机构按其传动形式分为齿轮齿条式传动系统、钢丝绳式传动系统和曳引式传动系统。

（1）齿轮齿条式传动系统　通过布置在吊笼上的传动装置中的齿轮与布置在导轨架上的齿条相啮合，使吊笼沿导轨架上下运动，来完成人员和物料的输送。此传动系统主要由三合一减速器、齿轮及齿条组成，结构简单，动力传递平稳，是当前应用较为广泛的传动系统，如图 8-6所示。

图 8-6　齿轮齿条式传动系统

（2）钢丝绳式传动系统　由提升钢丝绳通过布置在导轨架上的导向滑轮，用设置在地面上的卷扬机使吊笼沿导轨架上下运动。该系统主要由卷扬机、定滑轮和动滑轮组成，其中，卷扬机牵引钢丝绳使吊笼在导轨架上上下运行。目前，该系统在物料提升机上应用较多。

（3）曳引式传动系统　在施工升降机导轨架的上端设置天梁架，上面放置钢丝绳曳引系统，在吊笼的对侧设置对重，通过钢丝绳曳引与对重的联合作用使装载货物的吊笼沿导轨上下运行。该系统主要由电动机、蜗轮蜗杆减速器、曳引机、对重和钢丝绳等部件组成，系统结构复杂，对工作环境要求较高，在施工升降机上应用较少。

4. 施工升降机机构的安全技术要求

1）标准节上的齿条连接应牢固，在相邻两齿条的对接处，沿齿高方向的阶差不应大于 0.3mm。

2）卷扬机传动仅用于钢丝绳式的、无对重的货用施工升降机和吊笼额定提升速度不大于 0.63m/s 的人货两用施工升降机。

3）人货两用施工升降机采用卷筒驱动时钢丝绳只允许绕一层，若使用自动绕绳系统，允许绕两层；货用施工升降机采用卷筒驱动时，允许绕多层。

4）当提升钢丝绳采用多层缠绕时，应有排绳措施。

5）当吊笼停止在最低位置时，留在卷筒上的钢丝绳不应小于3圈。

6）卷筒两侧边缘大于最外层钢丝绳的高度不应小于钢丝绳直径的2倍。

7）传动系统应设有常闭式制动器，当采用人货两用施工升降机时，其额定制动力矩不应低于作业时额定力矩的1.75倍；当采用货用施工升降机时，其额定制动力矩不应低于作业时额定力矩的1.5倍。

8）当采用两套或两套以上的独立传动系统时，每套传动系统均应具备各自独立的制动器。不允许使用带式制动器。

三、施工升降机的安全保护装置和安全要求

施工升降机的安全保护装置相对较多并且都有其特定作用，在作业中应重视安全保护装置，本着规范安装、严格试验、定期检查、及时维护的原则，确保各种安全保护装置的安全可靠。施工升降机的安全保护装置主要有缓冲器、限位开关（外围栏安全门限位开关、吊笼门限位开关、天窗限位和上下限位开关）、极限开关、防坠安全器、超载保护装置、安全钩和电气安全保护系统。

1. 缓冲器

在人货两用或额定载重量400kg以上的货用施工升降机，其底架上应设置吊笼和对重用的缓冲器。弹簧缓冲器装在与基础架连接的弹簧座上，以便当吊笼发生坠落事故时减轻冲击，同时保证吊笼下降着地时成柔性接触，减缓吊笼着地时的冲击。通常，每个吊笼对应的底架上有2个或3个圆锥卷弹簧或4个圆柱螺旋弹簧，如图8-7所示。

2. 安全开关

施工升降机应设有行程限位开关、极限开关和防松绳开关。行程限位开关均应由吊笼或相关零件的运

图8-7　缓冲器

动直接触发。对于额定提升速度大于0.7m/s的施工升降机，还应设有吊笼上下运行减速开关，该开关的安装位置应保证在吊笼触发上下行程开关之前动作，使高速运行的吊笼提前减速。

（1）上下行程限位开关　上下行程限位开关是吊笼等装置到达行程终点时自动切断控制电路的安全开关，如图8-8所示。

（2）上下极限开关　上下极限开关是吊笼等装置超越行程终点时自动切断电源电路的安全开关。其作用是当吊笼运行超过限位开关和越程后，极限开关将切断总电源使吊笼停止运行。上下极限开关是非自动复位的，动作后只能通过手动复位才能使吊笼重新起动。

（3）围栏门联锁安全开关　施工升降机围栏门应装有联锁安全开关，使吊笼只有位于地面规定的位置时围栏门才能开启，并通过行程限位开关进行位置验证，在门开启后吊笼不能起动，如图8-9所示。目的是为了防止吊笼离开基础平台以后，人员误入基础平台而可能造成事故的现象发生。

图 8-8 上下行程限位开关

图 8-9 围栏门联锁安全开关

（4）吊笼门联锁安全开关 吊笼门联锁安全开关的作用是当吊笼位于地面规定的位置和停层位置时，吊笼门才能开启，且进出门完全关闭后，吊笼才能起动运行，确保吊笼安全地上下运行，如图 8-10 所示。

（5）防松绳开关 当施工升降机的对重钢丝绳或提升钢丝绳的绳数不少于两条且相互独立时，在钢丝绳组的一端应设置张力均衡装置并装有由相对伸长量控制的非自动复位型的防松绳开关，如图 8-11 所示。当其中一条钢丝绳出现的相对伸长量超过允许值或断绳时，该开关将切断控制电路，吊笼停车。对采用单根提升钢丝绳或对重钢丝绳出现松绳时，防松绳开关立即切断控制电路，制动器制动。

图 8-10 吊笼门联锁安全开关

图 8-11 防松绳开关

3. 防坠安全器

防坠安全器是施工升降机上最重要的部件之一，如图 8-12 所示，它来消除吊笼坠落事故的发生，保证乘员的生命安全。它是通过非电气、气动和手动控制防止吊笼或对重坠落的机械式安全保护装置，通常有瞬时式和渐进式两种。

钢丝绳式施工升降机通常使用瞬时式防坠安全器，又称断绳保护装置，是因提升钢丝绳断裂而瞬时制动的一种安全装置，分为滑楔式、偏心轮（块）式及卡板（销）式 3 类。齿轮齿条式施工升降机通常使用锥鼓型渐进式防坠安全器，有防坠和限速双重功能。

防坠安全器工作原理是安全器齿轮与导轨架齿条啮合，当吊笼运行失控而下滑时，内部离心块在离心力作用下克服弹簧作用力向外飞出与制动轮内的凸齿啮合，迫使制动轮旋转，由于制动轮尾端螺纹的作用而压紧碟形弹簧，使制动轮与外壳锥面摩擦力逐渐增大，使吊笼平缓制动直到停止。在安全器发生作用的同时切断传动装置的电源。安全器每发生一次动作后必须进行复位后才能重新使用。安全器在使用过程中必须按规定进行定期坠落实验及周期检定。

图 8-12 防坠安全器

4. 超载保护装置

施工升降机应装有超载保护装置，用于限制工作工况下吊笼允许的最大载重量，该装置应对吊笼内载荷、吊笼顶部载荷均有效。当载荷达到额定载荷的90%时，警告灯闪烁，报警器发出断续声响；当载荷接近或达到额定载荷的110%时，报警器发出连续声响，此时吊笼不能起动。

5. 安全钩

安全钩是为防止吊笼达到预先设定位置，由于上限位器和上极限限位器因各种原因不能及时动作，吊笼继续向上运行，将导致吊笼冲击导轨架顶部面发生倾翻坠落事故而设置的钩块状，也是最后一道安全保护装置，如图 8-13 所示。它能使吊笼上行到轨架安全防护设施顶部时，安全地钩在导轨架上，防止吊笼出轨，保证其不发生倾覆坠落事故。安全钩作用是防止吊笼脱离导轨架或防坠安全器输出端齿轮脱离齿条。

安全钩

图 8-13 安全钩

安全钩一般由整体浇注和钢板加工两种，其结构分底板和钩体两部分，底板由螺栓固定在施工升降机吊笼的立柱上。

6. 电气安全保护系统

施工升降机电气安全保护系统，主要有断错相保护、紧急停止开关、短路保护、零位保护、失电压保护及报警系统等。

| 第二节 | 升降机安全操作规程 |

一、升降机司机职责

1）严格遵守安全技术操作规程和各项安全生产规章制度。升降机作业人员应经特种设备作业人员考试机构考试合格，发证机关发证后方可上岗操作。

2）凡不符合安全生产要求，存在事故隐患的，作业人员有责任向上级报告，直到消除事故隐患。

3）高空作业必须扎好安全带，戴好安全帽，不准穿硬底鞋，严禁投掷工具、材料物件。

4）作业过程中若发现事故隐患或者其他不安全因素，应当立即采取紧急措施并且按照规定的程序向特种设备安全管理人员和单位有关负责人报告。

5）严格执行交接班制度，下班前开关、操作手柄扳回零位且切断电源上锁，清理场地。

6）进行经常性维护保养，对发现的异常情况及时处理并且记录。

7）定期参加应急演练，掌握相应的应急处置技能

二、升降机司机安全操作规程

1. 作业前的安全操作要求

1）升降机每班首次运行时，应分别进行空载试运行，检查电动机的制动效果；检查地线、电缆应完整无损，控制开关应在零位；电源接通后，检查电压正常，机件无漏电，试验各限位装置、吊笼门、围护门等处的电器联锁装置良好可靠，电器仪表灵敏有效。

2）检查各部结构无变形，连接螺栓无松动。

3）检查齿条与齿轮、导向轮与导轨均接合正常。

4）检查各部钢丝绳固定良好，无异常磨损。

5）检查运行范围内无障碍。

2. 升降机作业中安全操作要求

1）升降机在每班首次载重运行时，必须从最底层上升，严禁自上而下。当吊笼升离地面 $1 \sim 2m$ 时要停机，试验制动器的可靠性，如果发现制动器不正常，经修复后方可运行。

2）吊笼乘人、载物时，应使载荷均匀分布，防止偏重，严禁超载使用。

3）升降机运行至最上层和最下层时，严禁以行程限位开关自动停车来代替正常操作按钮的使用。

4）司机应与指挥人员密切配合，根据指挥信号操作，作业前必须鸣声示意，升降机未切断电源开关前，司机不得离开操作岗位。

5）多层施工、交叉作业使用升降机时，要明确联络信号。

6）升降机运行中如果发现机械有异常情况，应立即停机检查，排除故障后方可继续运行。在运行中发现电气失控时，应立即按下急停开关；在未排除故障前，不得打开急停开关。

7）升降机在大雨雪、大雾和六级及以上大风时，应停止使用，并将吊笼降至底层，切断电源。暴风雨雪后，应对升降机各有关安全保护装置进行一次全面检查。

8）升降机工作时，严禁任何人进入围栏内，严禁攀登升降机井架。

9）作业结束后，应将吊笼降至底层，各控制开关恢复到零位，切断电源，锁好闸门和梯门。

10）加强升降机的使用管理，无论设计额定乘员为多少，一律不得超过规定值；严禁人货混运，当运送物料器具时，除接送材料人员外，其他人员一律不得搭乘，同时随机人员不得超过 2 人，须在轿厢内外设置严禁超员和限乘人数的警告标志。

11）发现安全保护装置、监控装置、通信装置等失灵时，应立即停机修复。

12）司机必须听从施工人员的正确指挥，精心操作。对于施工人员违反使用安全技术规程和可能会引起危险事故的指挥，司机有权拒绝执行。

13）当升降机在运行中由于断电或其他原因而中途停止时，可进行手动下降，将电动机尾端制动电磁铁手动释放拉手缓缓向外拉出，使吊笼缓慢地向下滑行。吊笼下滑时，不得

超过额定运行速度，手动下降必须由专业维修人员操作。

3. 作业后安全操作要求

1）作业后，将吊笼降到底层，各控制开关拨到零位，切断电源，锁好电闸箱，闭锁吊笼门和围护门。

2）认真填写作业过程记录，将作业中的异常情况或者危险情况告知下一位接班人员，必要时与下一位接班人员面对面交流。

3）检查各机构的运转情况，检查安全保护装置及零部件的工作情况并做详细的记录。

4）做好各项安全、清理工作后方可离开工作现场。

第三节　升降机日常检查和维护保养

一、升降机的日常检查

1. 定期日常检查

结合机械设备的定期检查，做好设备定期、不定期的检查维护，委派专人对设备的安全保护装置和指示装置进行检查，确保安全保护装置齐全、灵敏、可靠。重点对以下部位进行检查：

（1）防坠安全器　工地上使用中的升降机都必须每三个月进行一次坠落试验。对未标定的防坠安全器，必须送到法定的检验单位进行检验标定，有效标定期限不应超过1年。

（2）安全开关　如围栏门限位开关、吊笼门限位开关、顶门限位开关、极限位开关、上下限位开关、对重防断绳保护开关等。

（3）齿轮、齿条的磨损及更换　查看齿轮、齿条的润滑及磨损情况，并检查齿轮和齿条的啮合情况。

（4）缓冲器　弹簧缓冲器应检查定位螺栓位置正确和紧固，弹簧应无变形和锈蚀，表面应该涂油漆保护；液压缓冲器外露柱塞部分应该保持清洁，涂抹防锈油脂加以防护，检查缓冲器的复位功能，应反应灵敏和正常。

（5）楼层停靠安全防护门　在设置楼层停靠安全防护门时，应保证安全防护门的高度不小于标准要求且层门应有联锁装置，在吊笼未到停层位置，防护门无法打开，保证作业人员安全。

（6）基础围栏　基础围栏应装有机械联锁或电气联锁，机械联锁应使吊笼只有位于底部所规定的位置时，基础围栏门才会开启，电气联锁应使防护围栏开启后吊笼停车且不会起动。

（7）钢丝绳　各部位的钢丝绳绳头应采用可靠的连接方式，绳卡数量和绳卡间距与钢丝绳直径有关。

（8）吊笼顶部控制盒　吊笼顶部应设有检修或拆装时使用的控制盒，具有在多种速度档位的情况下只允许以不高于0.65m/s的速度运行的功能。在使用吊笼顶部控制盒时，其他操作装置均起不到作用。此时，吊笼的安全保护装置仍起保护作用。吊笼顶部控制盒应采用恒定压力按钮或双稳态开关进行操作，吊笼顶部应安装非自行复位急停开关，任何时候均可切断电路，停止吊笼的动作。

2. 日常检查

升降机每工作 80h 应进行一次日常检查。升降机司机在交接班时，应检查连接部位螺栓的紧固情况，如果有松动应及时紧固。严格执行升降机钢结构件报废标准。对主要受力的结构件应检查金属疲劳强度、焊接裂纹、结构变形、破损等情况，发现问题应进行处理。

3. 异常情况检查

如果升降机出现异常声响，或出现过误操作，或发现升降机安全保护装置失灵等情况时，应进行检查并记录。

二、升降机的维护保养要求

正确的维护保养，可以延长升降机的使用寿命，降低故障发生率，具体要求如下：

1）发现安全保护装置失灵、有隐患时应及时排除，严禁带病工作。

2）应做好升降机的调整、润滑、紧固、清理等工作，保持升降机的正常运转。

3）由于工作环境比较恶劣，新安装或重新安装的升降机在使用前各部位都必须进行一次全面润滑。正常运行使用时按使用周期进行保养润滑。

4）经常保持各机构的清洁，及时清扫各部位灰尘。

5）检查各减速器的油量，如果低于规定油位高度及时加油。

6）检查各减速器的透气塞是否能自由排气，若阻塞，应及时疏通。

7）检查各制动器的效能，如果不灵敏可靠及时调整。

8）检查各连接处的螺栓，如果有松动或脱落应及时紧固和增补。

9）检查各种安全保护装置，如果发现失灵情况应及时调整。

10）检查各部位钢丝绳和滑轮，如果发现过度磨损情况应及时处理。

第四节　升降机作业典型事故案例分析

1. 事故概述

某在建楼建筑工地，发生一起因坠落造成 19 人死亡的重大建筑施工事故，事故现场如图 8-14 所示，直接经济损失约 1800 万元。

2. 事故原因分析

1）施工升降机经初次安装并经检测合格后，××公司对该施工升降机先后进行了 4 次加节和附着安装，共安装标准节 70 节，附着 11 道，每次加节和附着安装均未按照专项施工方案实施，未组织安全施工技术交底，未按有关规定进行验收。

图 8-14　事故现场

2）事故施工升降机坠落的左侧吊笼，其司机被派上岗前后未经正规培训，所持"建筑施工特种作业操作资格证"系伪造。

3）施工升降机导轨架第 66 和 67 节标准节连接处的 4 个连接螺栓只有左侧两个螺栓有效连接，而右侧（受力边）两个螺栓连接失效无法受力。在此工况下，事故施工升降机左侧吊笼超过备案额定承载人数（12人），承载19人和约245kg物件，上升到第66节标准节上部（33楼顶部）接近平台位置时，产生的倾翻力矩大于对重体、导轨架等固有的平衡力矩，造成事故施工升降机左侧吊笼顷刻倾翻，并连同67~70节标准节坠落地面。

4）作业现场管理混乱，安全生产责任制不落实，安全生产管理制度不健全、不落实，培训教育制度不落实，未建立安全隐患排查整治制度。

3. 事故预防措施

1）制定详细准确的施工升降机加节施工方案，由各相关部门审核签字，必要时可以开展技术评审，确保施工方案的准确性。将方案在技术部门和安全部门备案，确保方案的唯一性。

2）加强作业人员管理，要求作业人员必须参加企业组织的安全教育和技能培训，要求作业人员参加相关部门考试，由发证机关审核发证后方可上岗作业。

3）加强施工升降机的日常检查和维护保养力度，切实发现安全隐患并消除。

4）加强作业现场的管理，明确各部门职责，制定完善的管理制度，定期组织相关人员学习，提高相关人员的安全意识。

第九章
起重机械作业安全知识

高处作业安全知识

一、高处作业基本知识

1. 高处作业的定义

GB 3608—2008《高处作业分级》中规定：凡在坠落高度基准面2m以上（含2m）有可能坠落的高处进行的作业，都称为高处作业。

注：坠落高度基准面是指可能坠落范围内最低处的水平面。

2. 高处作业的分级

根据作业高度和引起坠落范围的不同，高处作业可分四级，见表9-1。

表9-1 高处作业的分级 （单位：m）

级 别	作业高度 h	坠落半径范围 R
一级高处作业	$2 \leqslant h < 5$	2
二级高处作业	$5 \leqslant h < 15$	3
三级高处作业	$15 \leqslant h < 30$	4
四级高处作业	$h \geqslant 30$	5

二、高处作业的注意要点

1. 高处临边作业要做好安全防护

临边作业的防护栏杆应有横杆、立杆及不低于180mm高的挡脚板组成，应符合 JGJ 80—2016《建筑施工高处作业安全技术规范》。

1）防护栏杆应为两道横杆，上杆距地面应为1.2m，下杆应在上杆和挡脚板中间设置。当防护栏杆高度大于1.2m时，应增设横杆，横杆间距不应大于600mm。

2）防护栏杆立杆间距不应大于2m。

3）防护栏杆立杆和横杆的设置、固定及连接，应确保防护栏杆在上下横杆和立杆任何处，均能承受任何方向的最小1kN外力作用。

4）防护栏杆应张挂密目式安全立网。

2. 登高作业"十不准"

1）患有登高禁忌者，如患有高血压、心脏病、贫血、癫痫等的工人不登高。

2）未按规定办理高处作业审批手续的不登高。

3）没有戴安全帽、系安全带不登高。

4）暴雨、大雾、六级以上大风时，露天悬空不登高。

5）脚手架、跳板不牢不登高。

6）梯子撑脚无防滑措施不登高。

7）穿着易滑鞋和携带笨重物件不登高。

8）石棉瓦和玻璃钢瓦上，无牢固跳板不登高。

9）高压线旁无遮拦不登高。

10）夜间照明不足不登高。

3. 高处作业安全必须认真对待

1）安全防护用具使用前要进行检查，确保其性能完好。

2）2m 以上高空作业必须系挂安全带。

3）不要在没有护栏的物件边缘工作。

4）绑上所提供的安全带并牢牢扣紧。

5）任何孔洞都应该设有围栏或加盖。

6）绝对不要坐在或靠在护栏上。

7）如果感觉身体乏力或晕眩，则不宜在高空工作。

8）严禁工作期间取笑、打闹，影响工作注意力。

第二节　用电安全知识

一、电流的分类

电流分为直流和交流两大类。

1）直流电是指电流从导体的一端流向另一端，电流的方向是唯一的。

2）交流电是指大小和方向随时间作周期性变化的电流。

3）三相交流电是指由三个频率相同、电动势振幅相等、相位互差120°角的交流电路组成的电源。三相交流电中任何一相对地电压称为相电压，相与相之间称为线电压。

通常用黄、绿、红来区分电的相位。一般的，交流电分三个等级，35kV 及以上为高压，10kV、6kV、3kV 为中压，380V、220V、110V 为低压，42V、36V、24V、12V、6V 为安全电压。

注：国际电工委员会（IEC）规定安全电压限定值为 50V。在湿度大、狭窄、行动不便、周围有大面积接地导体的场所（如金属容器内、矿井内、隧道内等）使用的手提照明，应采用 12V 安全电压。水下作业的安全电压为 3V。

二、电流对人体的危害

电流对人体的伤害有三种：电击、电伤和电磁场伤害。

1）电击是指电流通过人体，破坏人体心脏、肺及神经系统的正常功能造成的伤害。

2）电伤是指电流的热效应、化学效应和机械效应对人体的伤害，主要是指电弧烧伤、熔化金属溅出烫伤等。

3）电磁场伤害是指在高频磁场的作用下，人会出现头晕、乏力、记忆力减退、失眠和多梦等神经系统方面的症状。

三、触电的方式

1. 单相触电

单相触电是人体接触带电装置的一相引起的触电，如图9-1所示。

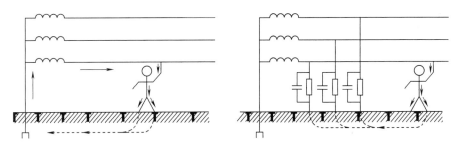

图 9-1　单相触电

注：要避免单相触电，操作时必须穿上胶鞋或站在干燥的木凳上。

2. 两相触电

两相触电是指人体两处同时触及同一电源的两相带电体，如图9-2所示。

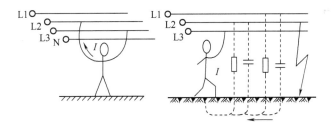

图 9-2　两相触电

3. 跨步电压触电

跨步电压触电是指人体两脚接触两点所受的电压（见图9-3）不同引起的触电，当带电体接地时有电流向大地流散，在以接地点为圆心，半径20m的圆面积内形成分布电位，离接地点越近、两脚距离越大，跨步电压值就越大。

四、电流效应的影响因素

电流对人体的危害程度与通过人体的电流强度、通电持续时间、电流的频率、电流通过人体的途径以及触电者的身体状况等多种因素有关。

图 9-3　跨步电压

1. 电流值大小与人体反应程度

电流值大小与人体反应程度见表9-2。

表9-2 电流值大小与人体反应程度

电流值大小	人体反应程度
100 ~ 200μA	对人体无害反而能治病
1mA 左右	引起麻的感觉
≤10mA 时	人尚可摆脱电源
>30mA 时	感到剧痛，神经麻痹，呼吸困难，有生命危险
100mA 时	很短时间使人心跳停止

通过人体的电流越大，人体的生理反应就越明显，感应就越强烈，引起心室颤动所需的时间就越短，致命的危害就越大。按照通过人体电流的大小和人体所呈现的不同状态，工频交流电大致分为下列三种：

1）感知电流：成年男性 1.1mA；女性 0.7mA。

2）摆脱电流：成年男性 16mA；女性 10.5mA。

3）致命电流：30mA 以上有生命危险；50mA 以上可引起心室颤动；100mA 足可致死亡。

2. 电流持续时间

人体触电通过电流的时间越长，越易造成心室颤动，生命危险就越大。

触电 1 ~ 5min 内急救，90% 有良好效果，10min 内有 60% 救生率，超过 15min 希望甚微。

3. 电流路径

电流通过头部可使人昏迷；通过脊髓可能导致瘫痪；通过心脏会造成心跳停止，血液循环中断；通过呼吸系统会造成窒息。

一般认为电流通过人体的心脏、肺部和中枢神经系统的危险性比较大，特别是电流通过心脏时，危险性最大。因此，从外部来看，左手到脚的触电电流途径最为危险。

4. 个体特征

人体电阻是不确定的，皮肤干燥时一般为 100kΩ 左右，潮湿可降到 1kΩ。

人体不同，对电流的敏感程度也不一样。儿童较成年人敏感，女性较男性敏感。患有心脏病者，触电后的死亡可能性就更大。

五、触电急救

1. 触电急救的原则

发现有人触电时，首先要尽快使触电人员脱离电源，然后根据触电人员的具体情况，采取相应的急救措施。

救人脱离电源的注意事项如下：

1）救护者一定要判明情况，做好自身防护。

2）在触电人脱离电源的同时，要防止二次摔伤事故。

3）如果是夜间抢救，要及时解决临时照明，以避免延误抢救时机。

2. 脱离电源

立即拉下电源开关或拔掉电源插头，若无法及时找到或断开电源，可用干燥的竹竿、木棒等绝缘物挑开电线。不可直接拉扯伤者，必须首先切断电源。

脱离电源严禁使用的方法如下：

1）用潮湿的工具或金属物拨开电线。

2）用手触及带电者。

3）用潮湿的物件搬动带电者。

3. 对不同情况的救治

1）触电者神志尚清醒，但感觉头晕、心悸、出冷汗、恶心和呕吐等，应让其静卧休息，减轻心脏负担。

2）触电者神志有时清醒，有时昏迷，应让其静卧休息，请医生救治。

3）触电者无知觉，有呼吸、心跳。在请医生的同时，应对其施行人工呼吸。

4）触电者呼吸停止，但心跳尚存，应对其施行人工呼吸。

5）如心跳停止，呼吸尚存，应对其采取胸外心脏按压法。

6）如呼吸、心跳均停止，则须同时对其采用人工呼吸法和胸外心脏按压法进行抢救。

第三节 防火灭火安全知识

一、防火安全知识

火源一般分为直接火源和间接火源两大类。

1）直接火源：有明火、灯火，如火柴、打火机火焰、香烟点火和烧红的电热丝等；电火花；雷电火等。

2）间接火源：有加热起火、本身自燃起火等。

二、灭火的基本方法

燃烧必须同时具备 3 个条件：可燃物质、助燃物质和火源。灭火就是为了破坏已经产生的燃烧条件，只要能去掉一个燃烧条件，火即可熄灭。人们在灭火实践中总结出了以下几种基本方法。

1. 冷却灭火法

所谓冷却灭火法就是将灭火剂直接喷洒在可燃物上，使其温度降低到自燃点以下，从而使燃烧停止。

用水扑救火灾，主要作用就是冷却灭火，一般物质起火都可以用水来冷却灭火。

2. 窒息灭火法

可燃物质在没有空气或空气中的含氧量低于 14% 的条件下是不能燃烧的。所谓窒息法，就是隔断燃烧物的空气供给。

采取适当的措施，阻止空气进入燃烧区或用惰性气体稀释空气中的含氧量，使燃烧物质缺乏或断绝氧而熄灭，适用于扑救封闭式的空间、生产设备装置及容器内的火灾。火场上运用窒息法扑救火灾时，可采用石棉被、湿麻袋、湿棉被、沙土和泡沫等不燃或难燃材料覆盖燃烧或封闭孔洞；用水蒸气、惰性气体（如二氧化碳、氮气等）充入燃烧区域；利用建筑物上原有的门以及生产储运设备上的部件来封闭燃烧区，阻止空气进入。

3. 隔离灭火法

可燃物是最重要的燃烧条件之一，如果把可燃物与引火源或空气隔离开来，那么燃烧反应就会自动中止。如用喷洒灭火剂的方法，把可燃物同空气和热隔离开来、用泡沫灭火剂灭火产生的泡沫覆盖于燃烧液体或固体的表面，把可燃物与火焰和空气隔开等，都属于隔离灭火法。

采取隔离灭火的具体措施很多。例如，将火源附近的易燃易爆物质转移到安全地点；关闭设备或管道上的阀门，阻止可燃气体、液体流入燃烧区；拆除与火源相毗连的易燃建筑结构，形成阻止火势蔓延的空间地带等。

4. 抑制灭火法

将化学灭火剂喷入燃烧区参与燃烧反应，使游离基（燃烧链）的链式反应中止，从而使燃烧反应停止或不能持续下去。采用这种方法可使用的灭火剂有干粉和卤代烷灭火剂。灭火时，将足够数量的灭火剂准确地喷射到燃烧区内，使灭火剂阻断燃烧反应，同时还应采取冷却降温措施以防复燃。

三、灭火器的选择和使用

1. 灭火器的选择

根据火灾的分类不同，可以选择不同灭火器，见表9-3。

表9-3 灭火器的选择

火灾种类	范围	灭火器选择种类
A类火灾	指固体物质火灾，如木材、棉、毛、麻和纸张	磷酸铵盐灭火剂、泡沫型灭火器、水型灭火器和卤代烷型灭火器
B类火灾	指液体火灾和可熔性的固体物质火灾，如汽油、煤油、原油、甲醇、乙醇和沥青等	碳酸氢钠和磷酸铵盐灭火剂等干粉类的灭火器、二氧化碳灭火器、泡沫型灭火器和卤代烷型灭火器
C火灾	指气体火灾，如煤气、天然气、甲烷、丙烷、乙炔和氢气	碳酸氢钠和磷酸铵盐灭火剂等干粉类的灭火器、二氧化碳灭火器、卤代烷型灭火器
D类火灾	指金属火灾，如钾、钠、镁、钛、锆、锂和铝镁合金等燃烧的火灾	专用的干粉灭火器、二氧化碳灭火器和卤代烷型灭火器
E类火灾	指电器火灾	磷酸铵盐灭火剂、二氧化碳灭火器、卤代烷型灭火器

2. 灭火器使用方法（以干粉灭火器为例）

1）一提：使用灭火器首先要手提灭火器的提把，让灭火器保持垂直的状态，然后再把灭火器瓶体上下颠倒摇晃几次，让瓶体内的干粉松动。

2）二拔：指拔掉灭火器保险销。在灭火器提把下面有一个金属环，使用前一定要拔掉金属环才能喷出干粉。

3）三瞄：指将灭火器的喷管瞄准火源。一定要在距离火焰 3~5m 处瞄准，才属于灭火器的有效射程内，这个时候需要用一只手握住喷管的最前端，控制好喷管喷射的方向，另一只手提起灭火器提把。

4）四压：指压住灭火器的开关，让灭火器喷出干粉灭火。

第四节　机械伤害防护安全知识

一、机械伤害的基本知识

机械伤害主要指机械设备运动（静止）部件、工具、加工件直接与人体接触引起的夹击、碰撞、剪切、卷入、绞、碾、割和刺等形式的伤害。

各类转动机械的外露传动部分（如齿轮、轴、履带等）和往复运动部分都有可能对人体造成机械伤害。

二、机械危险的主要形式

机械伤害的主要原因有三个：一是人的不安全行为；二是机械设备本身的状态；三是管理缺陷和环境因素。

1. 人的不安全行为

人的不安全行为是指不熟悉机器的操作程序或违反操作规程而导致机械伤害事故的发生。人的不安全行为大致可归纳为以下几个方面：

1）未经培训即上岗操作、未持证上岗（无证操作）、未正确佩戴个人防护用品。

2）未遵守安全操作规程，未经许可开动、关停、移动机器，维修过程中未严格执行加标锁定程序，忽视安全警告标志、警告信号，酒后或药后作业等。

3）拆除安全装置或安全装置失效，使用起重机前未检查附件是否可靠，使用不安全的设备、工具等，用手代替工具操作，工件紧固不牢。

4）冒险进入危险区域，攀、坐、站在不安全位置，机器运转时进行加油、维修、检查、调整、焊接和清扫等工作。

5）在传动部件或旋转部件旁穿过肥大的衣服，使用手动工具时未保持安全距离，野蛮施工。

2. 机械设备本身的状态

机械设备是运动的物体，如果质量不好、管理不严，就可能出现如下不安全因素：

1）防护、保险、信号等装置缺乏或有缺陷。例如无防护罩、无安全标志、安全联锁装置损坏或被短接、电气未接地或绝缘不良、局部无消音系统、噪声大、登高装置没有护栏或阶梯不合规范、没有静电导除装置等。

2）防护不当。例如防护罩不在适当的位置、电气装置带电部分裸露等。

3）强度不够。例如起吊重物的绳索不符合安全要求等。

4）设备在非正常状态运行。例如设备带病运转、设备失修、保养不当、设备失灵等。

5）个人防护用品缺少或有缺陷。例如无个人防护用品、个人防护用品用具不符合安全要求等。

3. 管理缺陷和环境因素

管理缺陷和环境因素方面的因素包括违章指挥、隐患整改不力、未进行相应的安全教育、安全投入不足、应急措施不合理等。

三、机械伤害的原因

造成机械伤害的原因主要有以下几点：

1）机械设备旋转部位造成的卷入伤害。

2）在危险部位不停机清扫或加油。

3）缺少防护装置或无完备的制动装置和保险装置。

4）没有穿戴合适的防护工作服，戴手套在旋转的机械上操作。

5）留长发不戴安全帽在旋转的设备上作业。

6）被飞溅的炽热钢屑划伤、烫伤。

7）被加工零件装夹不牢，甩出击伤人员。

8）设备位置不当，通道狭窄拥挤。

9）被掉落的重物砸伤。

四、防止机械伤害事故的安全措施

机械伤害事故是起重机行业比较常见的安全事故。机械伤害事故的形式惨重，如搅伤、挤伤、压伤、碾伤、被弹出物体打伤和磨伤等。因此，预防机械伤害事故的安全措施至关重要，有以下几点：

1）检修起重机械必须严格执行断电挂"禁止合闸警示牌"和设专人监护的制度。机械断电后，必须确认其惯性运转已彻底消除后才可进行工作；机械检修完毕，试运转前，必须对现场进行细致检查，确认机械部位人员全部彻底撤离才可取牌合闸；检修试运行时，严禁有人留在设备内进行试运行。

2）必须有完好紧急制动装置。该制动钮位置必须使操作者在机械作业活动范围内随时可触及；机械设备各传动部位必须有可靠防护装置。

3）严禁无关人员进入危险因素大的机械作业现场，非本机械作业人员因事必须进入的，要先与当班机械作业者取得联系，有安全措施才可同意进入。

4）操作各种机械人员必须经过专业培训，能掌握该设备性能的基础知识，经考试合格，持证上岗。上岗作业中，必须精心操作，严格执行有关规章制度，正确使用劳动防护用品，严禁无证人员开动机械设备。

5）操作前应对机械设备进行安全检查，先空运转，确认正常后，再投入使用。

6）机械设备在运转时，严禁用手调整；不得用手测量零件或进行润滑、清扫杂物等工作。

7）机械设备运转时，操作者不得离开工作岗位。

第五节　有毒有害作业环境安全知识

一、有毒有害危险场所基本知识

1. 有毒有害危险场所定义

在职业活动中可能引起急性中毒、造成死亡、失去知觉、丧失逃生及自救能力的场所。

2. 有毒有害作业环境的分类

有毒有害作业环境的分类如下：

1）接触生产性毒物的行业和工种很多，例如化工、农药、制药、油漆、颜料、塑料、合成橡胶和合成纤维等行业；非铁金属矿及化工矿的开采、熔炼；冶金、蓄电池、印刷业的熔铸铅；仪表、温度计、制镜行业使用的汞；喷漆等作业接触的苯和烯料等。

2）工业生产中常见的毒物，按其形态、用途、化学结构，可分为金属与类金属毒物，如铅、汞、锰等；刺激性气体，如二氧化硫、氯化氢、光气等；窒息性气体，如一氧化碳、硫化氢等；有机溶剂，如苯、二甲苯、汽油等；苯的氨基和硝基化合物，如苯胺等；高分子化合物生产中的毒物，如氯乙烯等；农药，如杀虫剂、除草剂等。

二、毒物对人体的危害及防护措施

1. 生产性粉尘预防措施

对生产性粉尘预防措施如下：

1）采用先进的生产工艺和生产设备，降低粉尘扩散，改善劳动条件。

2）在密闭舱室内进行有粉尘产生的作业时应采取机械通风措施，以稀释舱室内空气中粉尘的浓度。

3）为保证劳动者在生产中的安全、健康，防止外界有害物质侵入人体，应给施工人员配备自吸过滤式防尘口罩等各种保护器具。

2. 中毒预防措施

中毒预防措施如下：

1）在生产过程中避免使用有毒物质，以无毒或低毒物质代替有毒或高毒物质。

2）生产环境中存在有毒物质时，应从工艺和设备方面采取措施，对于在舱室内施工的应有通风排毒措施，降低空气中含毒物的浓度，施工人员应有个体防护用具并正确使用，尽可能减少毒物进入人体。

3）严格遵守工艺和安全操作规程，消除和减少误操作。

4）加强对生产作业现场的管理，根据生产性质、特点，其工艺不仅要满足生产上的要求，还应有可靠的安全生产措施。

5）定期监测生产环境空气中的有害物质浓度，以便观察毒物污染造成危害的程度，及时改善环境，使毒物浓度控制在对人无害的水平以内。

3. 高温作业预防措施

高温作业预防措施如下：

1）在舱室内施工应采取机械通风降温措施，有条件的企业可装备空气调节设备降温。

2）供给施工人员合理的饮料和补充营养，高温作业工人应补充与出汗量相等的水分和盐分。

3）加强个体防护，高温作业工人的工作服，应以耐热、导热系数小而透气性能好的织物制成。防止辐射热，可用白帆布工作服。

4）应根据各地区生产特点和具体条件，适当调整夏季高温作业劳动和休息制度。

4. 噪声预防措施

噪声预防措施如下：

1）从设计、工艺上着手研究控制声源措施，降低噪声。

2）采取吸声、隔声、消声的方法对传播途径进行控制。

3）在作业环境噪声强度比较高或在特殊高噪声条件下工作，给作业人员发放个人防护用品。

5. 放射线预防措施

放射线预防措施如下：

1）源头防护：用减少内、外照射剂量的治本方法，在保证应用效果的前提下，尽量减少辐射源的用量，选择危害小的辐射源种类。

2）外防护：主要运用时间、距离、屏蔽三个要素进行控制。

3）时间防护：在不影响工作质量的原则下，设法减少人员受照时间。

4）距离防护：增大与辐射源间的距离，降低工作人员的受照剂量。

5）屏蔽防护：对辐射源采取屏蔽隔离的方法，减少对人体的辐射。

6）内防护：主要运用围封隔离、除污保洁、个人防护进行控制。

7）围封隔离：对开放源及其工作场所采取"包围封锁"与外环境隔离的原则，把开放源控制在有限空间内。

8）除污保洁：应用开放源不可能完全不污染环境，故应随时监测并清除，使污染保持在国家规定限值以下。

9）个人防护：开放源工作一定要根据不同工作性质，配用不同的个人防护用品。

第六节　劳动防护用品的安全使用

一、劳动防护用品基本知识

1. 劳动防护用品的定义

劳动防护用品，是指由用人单位为劳动者配备的，使其在劳动过程中免遭或者减轻事故伤害及职业病危害的个体防护装备。

2. 劳动防护用品的分类

劳动防护用品的分类如下：

1）防御物理、化学和生物危险、有害因素对头部伤害的头部防护用品。

2）防御缺氧空气和空气污染物进入呼吸道的呼吸防护用品。

3）防御物理和化学危险、有害因素对眼面部伤害的眼面部防护用品。

4）防噪声危害及防水、防寒等的耳部防护用品。

5）防御物理、化学和生物危险、有害因素对手部伤害的手部防护用品。

6）防御物理和化学危险、有害因素对足部伤害的足部防护用品。

7）防御物理、化学和生物危险、有害因素对躯干伤害的躯干防护用品。

8）防御物理、化学和生物危险、有害因素损伤皮肤或引起皮肤疾病的护肤用品。

9）防止高处作业劳动者坠落或者高处落物伤害的坠落防护用品。

10）其他防御危险、有害因素的劳动防护用品。

二、常用安全防护用具的使用

1. 高空安全带的安全使用方法

高空安全带的安全使用方法如下：

1）每次使用安全带时，应查看标牌及合格证，检查尼龙带有无裂纹，缝线处是否牢靠，金属件有无缺少、裂纹及锈蚀情况，安全绳应挂在连接环上使用。

2）安全带应高挂低用，防止摆动、碰撞，避开尖锐物质，不能接触明火。

3）作业时应将安全带的钩、环牢固地挂在系留点上。

4）在低温环境中使用安全带时，要注意防止安全带变硬割裂。

5）使用频繁的安全绳应经常做外观检查，发生异常时应及时更换新绳并注意加绳套。

6）不能将安全带打结使用，以免发生冲击时安全绳从打结处断开，应将安全挂钩挂在连接环上，不能直接挂在安全绳上，以免发生坠落时安全绳被割断。

7）安全带使用两年后，应按批量购入情况进行抽检，围杆带做静负荷试验，安全绳做冲击试验，无破裂可继续使用，不合格品不予继续使用，对抽样过的安全绳必须重新更换安全绳后才能使用，更换新绳时注意加绳套。

8）安全带应贮藏在干燥、通风的仓库内，不准接触高温、明火、强酸、强碱和尖利的硬物，也不要暴晒。搬动时不能用带钩刺的工具，运输过程中要防止日晒雨淋。

9）安全带应该经常保洁，可放入温水中用肥皂水轻轻擦，然后用清水漂净，最后晾干。

10）安全带上的各种部件不得任意拆除。更换新件时应选择合格的配件。

11）安全带使用期为 3～5 年，发现异常应提前报废。在使用过程中要注意查看，在 0.5～1 年内要试验一次。以主要部件不损坏为要求，如果发现有破损变质情况及时反映并停止使用，以保证操作安全。

2. 安全帽的安全使用方法

安全帽的佩戴要符合标准，使用要符合规定。如果佩戴和使用不正确就起不到充分的防护作用。一般应注意下列事项：

1）戴安全帽前应将帽后调整带按自己头型调整到适合的位置，然后将帽弹性带系牢。缓冲衬垫的松紧由带子调节，人的头顶和帽体顶部的空间垂直距离一般在 25～50mm，至少不要小于 32mm 为好。这样才能保证当遭受冲击时，帽体有足够的空间可供缓冲，平时也有利于头和帽体间的通风。

2）不要把安全帽歪戴，也不要把帽檐戴在脑后方，否则，会降低安全帽对于冲击的防护作用。

3）安全帽的下颌带必须扣在颌下并系牢，松紧要适度。这样不至于被大风吹掉，或者是被其他障碍物碰掉，或者由于头的前后摆动使安全帽脱落。

4）安全帽体顶部除安装了帽衬外，有的还开了小孔通风。但在使用时不要为了透气而随便再行开孔，否则将会使帽体的强度降低。

5）由于安全帽在使用过程中会逐渐损坏，所以要定期检查，检查有没有龟裂、下凹、裂痕和磨损等情况，发现异常现象要立即更换，不准再继续使用。任何受过重击、有裂痕的安全帽，不论有无损坏现象，均应报废。

6）严禁使用只有下颌带与帽壳连接的安全帽，也就是无缓冲层的安全帽。

7）施工人员在现场作业中，不得将安全帽脱下，搁置一旁或当坐垫使用。

8）由于安全帽大部分是使用高密度低压聚乙烯塑料制成，具有硬化和变脆的性质，所以不宜长时间地在阳光下暴晒。

9）新领的安全帽，首先检查是否有生产许可证及产品合格证，再看是否破损、薄厚不均，缓冲层及调整带和弹性带是否齐全有效。不符合规定要求的立即调换。

10）在现场室内作业也要戴安全帽，特别是在室内带电作业时，更要认真戴好安全帽，因为安全帽不但可以防碰撞而且还能起到绝缘作用。

11）平时使用安全帽时应保持整洁，不能接触火源，不要任意涂刷油漆，不准当凳子坐，以防止丢失。如果丢失或损坏，必须立即补发或更换。无安全帽一律不准进入现场。

3. 劳保鞋（工作安全鞋）**的安全使用方法**

劳保鞋（工作安全鞋）的安全使用方法如下：

1）起重工、搬运工必须使用护趾工作安全鞋。

2）电气作业人员必须使用绝缘鞋，特别是高压绝缘鞋要保存在避光、干燥的专用架上，要定期做绝缘检测和保养维护。如果发现受潮或磨损严重，应禁止使用。

3）在被油腻污染的作业现场，要使用耐油性合成橡胶制作的防滑鞋。

4）在潮湿的地面、积水或溅水作业场所，生产人员必须穿安全可靠的绝缘水鞋。

5）凡进入生产场所人员不得穿拖鞋、露趾凉鞋和高跟鞋。

4. 防尘口罩的安全使用方法

防尘口罩的安全使用方法如下：

（1）常见的误区　和橡胶防尘半面罩相比，防尘口罩的防护效果低，密合性差，许多人感觉橡胶的材料更具有弹性，认为这更容易和自己脸密合。其实影响密合效果的不只在于材料的弹性，更在于面罩的设计，面罩头带选材确定的松紧度、易拉伸性，以及面罩重量和头带的匹配等，这些都影响着密合的效果。

（2）防尘口罩佩戴方法　要想防护真正起到作用，必须按照使用说明书正确佩戴，确保每次佩戴位置正确（不泄漏），还必须在接尘作业中坚持佩戴，及时发现口罩的失效迹象并及时更换。不同接尘环境粉尘浓度不同，每个人的使用时间不同，各种防尘口罩的容尘量不同，以及使用维护方法的不同，这些都会影响口罩的使用寿命，因此没有办法统一规定具体的更换时间。当防尘口罩的任何部件出现破损、断裂和丢失（如鼻夹、鼻夹垫），以及明显感觉呼吸阻力增加时，应废弃整个口罩。

无论防毒还是防尘，任何过滤元件都不应水洗，否则会破坏过滤元件。使用中若感觉其他不舒适，如头带过紧、阻力过高等，不允许擅自改变头带长度或将鼻夹弄松等，应考虑选择更舒适的口罩或其他类型的呼吸器，好的呼吸器不仅适合使用者，更应具有一定的舒适度和耐用性，表现在呼吸阻力增加比较慢（容尘量大）、面罩轻、头带不容易松垮、面罩不易塌、鼻夹或头带固定牢固，选材没有异味和对皮肤没有刺激性等。

5. 防毒面具的安全使用方法

在没有正确判断作业环境存在污染物的性质、污染物浓度是否高于相关标准及作业环境是否缺氧的情况下，选择不恰当的呼吸防护用品进行作业会导致事故的发生。

没有防护的情况下，任何人都不应暴露在能够或可能危害健康的空气环境中。呼吸防护用品大体上分过滤式和隔绝式两大类。使用上因作业环境不同有着严格的区别。正确选择呼吸防护用品是使用者在作业中有效保护自身安全的第一步，一般原则如下：

1）根据国家相关职业卫生标准，对作业中的空气环境进行评价，识别有害环境性质，判定危害程度。

2）应选择国家认可的，符合标准要求的呼吸防护用品。

3）选择呼吸防护用品时应参考其使用说明的技术规定，符合其使用条件。

4）正确选择呼吸防护用品，还要根据有毒有害环境、污染物种类、污染物浓度、作业状况、劳动作业者的头面部特征和劳动作业者的身体状况进行选择。

5）由于呼吸防护用品品种繁多，作业条件和作业人员的身体状况各有不同，确定不适合使用呼吸防护用品的禁忌症很困难，需结合各方面的实际情况加以判断。许多人虽然身体较弱，但只要能够控制作业强度，有足够的休息时间，也能够安全地使用呼吸防护用品。只有对呼吸防护用品的性质有了明确的了解，才能正确选择，从而真正起到对自身安全的保护，避免大伤亡事故的发生。

第十章
起重机械紧急事故的应急处置

起重机械作业运行故障与异常情况的辨识

一、起重机械故障原因及排除

起重机械金属故障原因及排除（零件部分）、起重机械金属故障原因及排除（部件部分）、起重机械电气故障原因及排除分别见表10-1～表10-3。

表 10-1　起重机械金属故障原因及排除（零件部分）

零件名称	故障及损坏情况	原因及后果	排 除 方 法
锻造吊钩	1. 吊钩表面出现疲劳裂纹 2. 开口及危险断面磨损 3. 开口和弯曲部位发生塑性变化	1. 超载、超期使用、材质缺陷 2. 严重时削弱强度，易断钩 3. 长期过载，疲劳所致	1. 发现裂纹，更换 2. 磨损超过10%更换 3. 立即更换
钢丝绳	断丝、断股、打结、磨损	导致突然断绳	断股、打结停止使用；断丝、磨损按标准更换
滑轮	1. 滑轮槽磨损不均 2. 滑轮心轴磨损量达公称直径的3%～5% 3. 滑轮转不动 4. 滑轮倾斜、松动 5. 滑轮裂纹或轮缘断裂	1. 材质不均，安装不符合要求，绳和轮接触不良 2. 心轴损坏 3. 心轴和钢丝绳磨损加剧 4. 轴上定位松动或钢丝绳跳槽 5. 滑轮损坏	1. 轮槽磨损量达到原厚的1/10，径向磨损量达绳径的1/4应更换 2. 更换 3. 检修 4. 检修 5. 更换
卷筒	1. 卷筒疲劳裂纹 2. 卷筒轴、键磨损 3. 卷筒绳槽磨损和绳槽磨损量达原壁厚15%～20%	1. 卷筒破裂 2. 轴被剪断、导致重物坠落 3. 卷筒强度削弱，容易断裂；钢丝绳卷绕混乱	1. 更换卷筒 2. 停止使用，立即对轴键等检修 3. 更换卷筒
齿轮	1. 齿轮轮齿折断 2. 轮齿磨损达原厚15%～21% 3. 齿轮裂纹 4. 因"键滚"使齿轮键槽损坏 5. 齿面削落面占全部工作面积31%，削落深度达齿厚10%	1. 工作时产生冲击与振动，继续使用损坏转动机构 2. 运转中有振动和异常声音，是超期使用，安装不正确所致 3. 齿轮损坏 4. 使重坠落 5. 超期使用，热处理质量问题	1. 更换齿轮 2. 更换齿轮 3. 对起升机构应作更换，对运行机构应做修补 4. 对起升机构应作更换，对运行机构可新加工键槽修复 5. 更换

（续）

零件名称	故障及损坏情况	原因及后果	排除方法
轴	1. 裂纹 2. 轴弯曲超过 0.5mm/m 3. 键槽损坏	1. 材质差，热处理不当，导致损坏轴 2. 导致轴径磨损，影响传动产生振动 3. 不能传递转矩	1. 更换 2. 更换或校正 3. 起升机构应作更换，运转机构等可修复使用
车轮	1. 踏面和轮辐轮盘有疲劳裂纹 2. 主动车轮踏面磨损不匀 3. 踏面磨损达轮圈原厚15%	1. 车轮损坏 2. 导致车轮啃轨，车体倾斜和运动时产生振动 3. 车轮损坏	1. 更换 2. 成对更换 3. 更换
轮缘	轮缘磨损达原厚度50%	由车体倾斜、车轮啃轨所致、容易脱轨	更换
制动器	1. 小轴、心轴磨损达公称直径3%~5% 2. 制动后盖磨损达1~2mm或原厚度50% 3. 制动片磨损达2mm或原厚度50%	1. 抱不住闸 2. 吊重下滑或溜车 3. 制动器失灵	1. 更换 2. 更换 3. 更换

表 10-2 起重机械金属故障原因及排除（部件部分）

故障名称	故障原因	排除方法
主梁腹板或盖板发生疲劳裂纹	长期超载使用	裂纹不大于0.1mm的，可用砂轮将其磨平，对于较大的裂纹，可在裂纹两端钻大于8mm的小孔，然后沿裂纹两侧开60°的坡口进行补焊，重要受力部位应用加强板补焊
主梁各拼接焊缝或桥架节点焊缝脱焊	长期超载使用	用优质焊条补焊，严禁超载使用
主梁腹板有波浪形变形	焊接工艺不当或超负荷使用	采用火焰校正，严禁超负荷使用
主梁旁弯变形	焊接工艺不当	采用火焰校正，在主梁的凸起侧加热
主梁下沉变形	主梁结构应力腹板波浪变形，超载使用	采用火焰校正，较严重的应予以返厂维修

表 10-3 起重机械电气故障原因及排除

故障名称	故障原因	排除方法
电动机发热	1. 由于被带动的机械有故障而过负荷 2. 在降压的电压下运转 3. 三相短路 4. 轴承损坏 5. 电动机扫堂	1. 检查机械状态，消除卡位现象 2. 电压低于额定电压10%，应停止使用 3. 检查外部电路的完好 4. 更换轴承 5. 检查轴承及前后端盖磨损度

（续）

故 障 名 称	故 障 原 因	排 除 方 法
接触器合上后电动机不转	1. 一相断电，电动机发响声 2. 线路中无电压 3. 接触器触头未接触	1. 找出断电处，接好线 2. 用万用表测量电压 3. 检查并修理接触器
按动起动按钮全车不动	1. 控制电路有短路处 2. 总接触器触头未接触或线圈损坏 3. 手柄盒按钮未接触或线路脱落	1. 找出控制电路短路处并接好 2. 更换接触器 3. 更换触头
手柄盒操作按钮按下无动作	1. 控制线有短路处 2. 接触器触头未接触或线圈损坏 3. 手柄盒按钮未接触或线路脱落 4. 限位开关坏	1. 找出控制电路短路处并接好 2. 更换接触器 3. 更换触头 4. 更换开关
电磁铁线圈过热	1. 电磁铁引力过载 2. 磁流通路的固定部分和活动部分之间存在间隙 3. 线圈电压与电网电压不符 4. 制动器的工作条件与线圈的特性不符合	1. 调整弹簧拉力 2. 清除固定部分与活动部分之间的间隙 3. 更换线圈或改变接法 4. 换上符合条件的线圈
起重机运行时经常跳闸	1. 触头压力不足 2. 触头烧坏、触头脏污 3. 超负荷或接地短路造成电流过大 4. 滑线接触不良 5. 空气开关失灵	1. 调整触头压力 2. 砂纸磨光触头或更换 3. 减轻负荷，检查线路故障 4. 调整滑线 5. 更换
有下降无起升或有起升无下降	1. 起升限位接触不良或损坏 2. 超载限制器跳开或损坏 3. 主令开关触头未接触 4. 接线头松动或断线 5. 断火限位器下限失灵 6. 接触器损坏	1. 检查起升限位开关 2. 检查超载限位 3. 检查主令开关触头 4. 检查控制电路 5. 检查断火限位器 6. 更换接触器
行走机构不能行走	1. 限位开关损坏或接触不良 2. 停止按钮常闭触头不好 3. 电动机烧毁 4. 接触器损坏	1. 更换限位开关 2. 更换触头 3. 更换电动机 4. 更换接触器

起重机械常见故障的现场排除方法见表10-4。

表10-4　起重机械常见故障的现场排除方法

序号	常 见 故 障	故 障 原 因	排 除 方 法
1	空载时电动机不能起动	1. 电源未接通 2. 按钮失灵，接触不灵 3. 电磁开关箱中的熔断器、接触器等元件失效 4. 限位器未复位 5. 按钮接线折断	1. 接通电源 2. 修整、更换有关的电器元件 3. 调整或重新更换按钮接线

（续）

序号	常 见 故 障	故 障 原 因	排 除 方 法
2	电动机空载旋转，有载时不转	1. 转子断条，转子铸铝铝条粗细不均匀 2. 电动机单相运转	1. 更换电动机 2. 重新接线
3	电动机起动勉强，噪声大或有异常声响	1. 超载过多 2. 电源电压过低 3. 制动器未完全打开 4. 电动机锥形转子窜量太大 5. 接线、电磁线圈等有断裂等	1. 按规定吊载 2. 调整电源电压 3. 调整制动器间隙或锥形转子间隙及窜量 4. 重新接线
4	定子绕组烧毁	绝缘等级低或漆包线有外伤	更换电动机
5	电动机过热	1. 超载吊运 2. 电压太低 3. 起、制动过于频繁 4. 制动器间隙太小	1. 按额定起重量吊载 2. 调整电源电压 3. 减少起、制动次数 4. 调整制动器间隙
6	减速器传动噪声太大	1. 润滑不良，缺油 2. 传动件有损伤或磨损严重	1. 清洗，加足润滑油 2. 修整或更换齿轮、轴承等传动部件
7	起升减速器箱体破碎	起升限位器失灵，吊钩撞击卷筒外壳，吊钩偏摆而打裂	更换箱体，修理限位器
8	制动失灵	1. 电动机轴断裂 2. 锥形制动环磨损出台阶	1. 更换电动机轴 2. 更换制动环
9	制动时发出尖叫声	制动轮与制动环间有相对摩擦，接触不良	修制动环，使制动轮、制动环锥面相符
10	重物下滑或运行刹不住车	1. 制动间隙太大 2. 制动环磨损严重 3. 电动机轴端或齿轮轴端紧固螺钉松动	1. 调整制动间隙 2. 更换制动环 3. 拧紧松动的螺钉
11	导绳器破裂	斜吊违章操作	按操作规程操作
12	电动葫芦外壳带电	轨道未接地或接地线失效	加装或接通接地线
13	钢丝绳切断	1. 限位器失灵被拉断 2. 超载过多起吊 3. 已达到报废标准，仍使用	1. 修理或更换限位器 2. 按规程吊载 3. 更换钢丝绳
14	钢丝绳变形	1. 无导绳器，钢丝绳被挤压变形 2. 斜吊造成乱绳而变形	1. 应装导绳器 2. 按规程操作
15	钢丝绳磨损	1. 斜吊钢丝绳与外壳磨损 2. 钢丝绳直径过大	1. 不要斜吊 2. 合理选用钢丝绳
16	钢丝绳空中打花	缠绳时未将钢丝绳放松	钢丝绳拆下，放松后重缠

（续）

序号	常见故障	故障原因	排除方法
17	按钮动作失灵，按下不复位	1. 按钮弹簧疲劳，损坏 2. 灰尘污物过多 3. 电路断线或接头松落	1. 更换弹簧 2. 保持清洁 3. 更换电缆或重新接线
18	动作与按钮标志不符	电源相序接错	重新接线（换相）
19	触电	1. 采用铁壳手电门 2. 非低压手电门	1. 改用塑壳手电门 2. 采用低压 36V 或 42V 手电门
20	接触器线圈断裂	疲劳损坏	更换接触器
21	接触器触头粘连	磁铁接触面上有油污，触电烧损	清除油污，更换触头
22	接触器触头烧毁	磁铁接触面不平，重量差	更换触头或接触器
23	升降限位器不限位	电源相序接错，接线不牢，限位杆的停止块松脱	重新接线，调好停止块位置，紧固
24	葫芦车轮打滑	轨道面或车轮踏面有油污	清除油污
25	葫芦车轮悬空	工字钢翼缘不规整，车轮组装配不合要求	1. 修整工字钢翼缘 2. 修整车轮组，重新装配
26	车轮爬轨	运行小车两侧不平衡	加配重调整
27	大车轮起动打滑	1. 轨面有油污 2. 车轮三条腿，主动轮悬空	1. 清除油污 2. 调整，修复解决三条腿或校正桥架
28	大车起、制动时明显不同步，扭动	1. 车轮踏面磨损，直径尺寸相差太大 2. 分别驱动两端制动器间隙相差太大	1. 更换，修理车轮 2. 调整两端制动间隙
29	大车制动刹不住车	1. 制动间隙过大 2. 制动环磨损已达到报废标准	1. 调整间隙 2. 更换制动环
30	大车运行中出现歪斜、跑偏、啃道	1. 轨道安装重量不合格 2. 桥架发生变形 3. 车轮装配精度不合格 4. 车轮磨损	1. 修复轨道 2. 检查校正桥架 3. 修整车轮组 4. 更换，修理车轮
31	大车运行中出现卡轨、爬轨、掉道或蛇形扭摆、冲击	1. 起重机跨度与轨道跨度相差太大，车轮槽与轨顶面不匹配，起重机三条腿 2. 轨道重量差，接缝不合要求	1. 修整跨度 2. 修车轮槽 3. 修车轮组使四轮与轨道全接触 4. 重新调轨道
32	主梁上拱消失，出现下榻（下挠）	1. 超载起吊 2. 主梁疲劳	火焰修复，加预应力拉杆修复
33	主梁工字钢下翼缘下塌	翼缘磨损变薄，局部抗弯强度减弱	1. 工字钢贴板补强 2. 工字钢下加工字钢修复

（续）

序号	常 见 故 障	故 障 原 因	排 除 方 法
34	司机室振动，摇晃	司机室本身刚性差；主梁刚性差；起升、运行机构振动，冲击	加强司机室刚性，增加减振器；加强主梁刚性；检查起升、运行机构，解决振源
35	行程开关失灵	短路或接线错误	重新接线
36	起升或运行机构漏油	油封失效；变速器加油过多；装配时螺栓不紧；箱体变形	更换油封；适量加油；重新紧固螺栓；更换箱体或用不干密封胶

二、桥式、门式起重机械出现意外情况的处置

1. 桥式、门式起重机危险分析和辨识

桥式、门式起重机伤害事故主要有挤压、高处坠落、吊物坠落、倒塌、折断、倾覆、触电和撞击等，占全部起重机伤害事故的比例很大，尤其以吊物坠落、挤压碰撞事故最为突出。每一种事故都与其环境有关，有人为造成的，也有设备缺陷造成的，或人和设备双重因素造成的。

（1）碰撞挤压事故

1）吊物（具）在运行过程中摆动挤压碰撞人。发生此种情况原因：一是司机操作不当，运行中机构速度变化过快，使吊物（具）产生较大惯性；二是指挥有误，吊运路线不合理，致使吊物（具）在剧烈摆动中挤压碰撞人。

2）吊物（具）摆放不稳发生倾倒碰砸人。发生此种情况原因：一是吊物（具）旋转方式不当，对重大吊物（具）旋转不稳没有采取必要的安全防护措施；二是吊运作业现场管理不善，致使吊物（具）突然倾倒碰砸人。

3）在指挥或检修作业中被挤压碰撞，即作为指挥人员在运行机构之间，受到运行中的起重机的挤压碰撞。发生此种情况原因：一是指挥作业人员站位不当；二是检修作业中没有采取必要的安全防护措施，司机在贸然起动时挤压碰人。

4）在巡检或维修桥式起重机作业中被挤压碰撞，即作业人员在起重机械与建（构）筑物之间（如站在桥式起重机大车运行轨道上或站在巡检人行通道上），受到运行中的起重机械的挤压碰撞。此种情况大部分发生在桥式起重机检修作业中：一是巡检人员或维修作业人员与司机缺乏相互联系；二是检修作业中没有采取必要的安全防护措施（如将起重机固定在大车运行区间的装置），司机贸然起动起重机挤压碰撞人。

（2）起重作业高处坠落事故　桥式、门式起重机的操作、检查、维修工作多是高处作业。梯子（护圈）、栏杆、平台等的工作装置和安全防护设施的缺失或损坏，桥箱、吊笼运行时超载，制动器和承重构件不符合安全要求，防坠落装置缺失或失灵，电气设备保险装置失灵等都是造成人员坠落的重要原因。

（3）吊具或吊物坠落事故　吊具或吊物坠落是起重机伤害中数量较多的一种。这类事故主要是由于吊具、索具（如钢丝绳）有缺陷或选择不当，绑挂方法不当，司机操作不规范，过卷扬，起升、超载限制器失灵等原因造成。

（4）起重机倾翻、折断、倒塌事故　机体倾翻事故的原因主要有露天作业的起重机夹

轨器失效；没有防风锚定装置或其不可靠；超载，支护不当，在基础不稳固状态下起吊重物或负载转弯、超速运行等。

折断倒塌事故包括结构折断和零部件折断，如主梁或支腿折断等，这种事故主要是由于超载、机构及零部件的缺陷、违章操作和自然灾害等原因造成的。

（5）触电事故　发生触电事故主要是露天作业碰触高压线路、司机碰触滑触线、电气设施漏电或起升钢丝绳碰触滑触线等原因造成的。

2. 发生事故的灾害后果预测

企业应对自身桥式、门式起重机的安全状况进行实际评价并应对灾害影响的地理范围和人口数量等因素予以考虑。

（1）碰撞挤压事故　有关作业人员伤害。

（2）起重作业高处坠落事故　人员坠落伤害。

（3）吊具或吊物坠落事故　吊具或吊物坠落砸伤作业人员，吊运危险物品时，还有危险品对作业人员或周边群众及环境的危害。

（4）起重机倾翻、折断、倒塌事故　司机受伤，同时危害附近作业人员和其他设备。

（5）触电事故　司机或操作人员受伤，同时可能伤害周围其他人员。

三、桥式、门式起重机械应急救援、应急处置与预防的处理方法

1. 判断事故灾害扩展趋势所必需的检测技术和装备

1）用激光垂准仪、经纬仪、全站仪等检测结构的变形情况，判断整机倾斜和变化情况。

2）用力矩扳手检查高强度连接螺栓的松动情况，防止整机倾翻、构件倒塌等。

3）用接地电阻测量仪、绝缘电阻表，测量接地电阻和绝缘电阻，预防漏电、触电事故。

4）用万用表检测电气控制系统故障，防止控制系统失灵。

5）使用有害气体检测仪，检测吊装物是否发生有害气体泄漏事故，预防人员中毒事故。

2. 实施控制事故发展所必需的装备、资源

1）消防设备：各类灭火器、砂土。

2）医疗救护设备：救护车、止血带、单架、夹板和氧气瓶等。

3）通信设备：电话、对讲机、手机和传真机等。

4）工装设备：发电机、流动式起重机、蓄电池叉车、液压升降平台、高空作业车、消防云梯、电焊机、气割机、电动砂轮和切割机等。

5）个人防护设备：安全绳、安全带、劳保鞋、护目镜、防毒面具和防护服等。

6）桥式、门式起重机备用易损零部件：螺栓、钢丝绳、槽钢、工字钢、钢管、沙袋、楔块、压板和安全保护装置等。

7）其他设备：各类通用工具、应急灯等。

3. 应急人员采用的具体应急技术

重点突出什么人、在什么位置、在什么时机、干什么、用什么装备或手段、如何干。

（1）人员高空坠落

1）现场警戒和隔离人员。在事故现场用警示标志警戒和隔离事故及影响区域，同时应保证紧急救援的通道畅通。

2）现场抢险救援人员。在事故现场根据人员坠落情况，用相应的抬升、切割设备移开压住伤员的物体，尽快抢救出坠落的伤员。

3）医疗救护人员。在事故现场附近用止血带、夹板等进行紧急抢救，防止伤员过量出血。

（2）突发停电等情况使司机或作业人员被困高空

1）现场警戒和隔离人员。在事故现场用警示标志警戒和隔离适当区域，同时应保证紧急救援的通道畅通。

2）抢险救援人员。利用液压升降平台等设备或经由高空通道抵达被困人员位置，如有人员受伤，可视具体情况，用安全带系牢并用安全绳吊放或其他方法转移伤员；如有危险吊具或吊装物时，应视情况起动自备发电机并切换备用电源。如需要，还可在地面设置防止人员高空坠落的保护措施（充气减振垫、防护网等）。

（3）桥式、门式起重机倾翻、折断、倒塌

1）现场警戒和隔离人员。在事故现场用警示标志警戒和隔离适当区域，组织疏散和撤离危险区域的人员并维持秩序，同时应保证紧急救援的通道畅通。

2）通知现场人员撤离。用有效的通信手段（广播、话筒等）立即通知现场危险区域以内的人员进行疏散和撤离。

3）紧急抢险救援。先切断受影响区域内的危险电源、水源、气源，撤离易燃易爆危险品，应由专人负责现场的危险状况（空中吊物、电缆、电线、锐器和火源等）监控，确保施救人员的安全；同时在事故现场根据人员被压情况，用相应的抬升、切割设备移开压住伤员的倒塌物体，尽快抢救出伤员。

4）抢救伤员。用止血带、夹板等进行紧急现场抢救，防止伤员过量出血。

（4）桥式、门式起重机碰撞挤压作业人员

1）司机：立即停机或实施反向运行操作，防止发生进一步挤压碰撞。

2）应急抢险救援人员：采取必要的抬升、切割、顶开设备将碰撞挤压伤者的吊具、吊物等移开实施救援，同时现场安排专人监控空中吊物或吊具。

3）医疗救护组人员：用止血带、夹板等进行紧急现场抢救，防止伤员过量出血。

（5）桥式、门式起重机漏电、触电

1）应急抢险救援人员：立即切断起重机的总电源，用绝缘物将带电体从伤员身边移开。

2）医护人员：实施人工呼吸或其他方法紧急救护伤员，使伤员恢复呼吸。

（6）桥式、门式起重机吊具或吊物伤人

1）现场警戒和隔离人员。在现场用警示标志警戒和隔离适当区域，组织疏散和撤离危险区域的人员并维持秩序，同时应保证紧急救援的通道畅通。

2）通知现场人员撤离。立即用广播、话筒等通知危险区域以内的人员进行撤离和疏散。

3）紧急抢险救援。先切断危险电源、水源、气源，撤离易燃易爆危险品，应由专人负责现场的危险状况（空中吊物、电缆、电线、锐器和火源等）监控，确保施救人员的安全；如果已发生燃、爆事故，应立即组织消防组进行消防工作。同时在事故现场根据人员被压情况，用相应的抬升、切割设备移开压住伤员的吊物（具），尽快抢救出伤员。

4）抢救伤员。用止血带、夹板等进行紧急现场抢救，防止伤员过量出血。

（7）突发大风时的处置

1）现场警戒、隔离人员。在现场用警示标志警戒和隔离适当区域，组织疏散和撤离危险区域的人员并维持秩序，同时应保证紧急救援的通道畅通。

2）司机应立即操作紧急防风装置（如夹轨器）对起重机进行锚定。采用安全绳或其他妥当方式自行脱离起重机。

3）应急救援人员立即用楔块等对起重机进行锚定或用缆风绳固定起重机，防止起重机发生进一步滑移。

4. 需立即请求外部支援的情况

1）高空坠落、吊具（物）坠落、整机倾翻、折断、倒塌等情况下的伤人事故，如果因为压住伤员的物体过重无法移开，可根据现场事态的发展，报告应急救援总指挥，用气割设备、液压钳、扩张器和电锤等破坏性的分离物体救出伤员。

2）对于高空被困，现有起升设备无法够及的情况下，可报告应急救援总指挥，请求（外部支援）消防部门，用消防云梯、高空作业车等运送抢险人员到空中，救出伤员。

3）对因为危险吊物倾翻或泄漏无法灭火或控制事态时，现场指挥人员应立即报告应急救援总指挥，请求（外部支援）消防部门，用专业的消防和防化设备扑救，同时可请求上级主管部门启动上级应急方案，疏散受威胁人群。

桥式、门式起重机危害辨识和风险控制措施见表10-5。

表10-5　桥式、门式起重机危害辨识和风险控制措施

序号	危害事件	风险控制措施
1	人员高空坠落	1. 高空作业无升降车等辅助设备时，操作人员应佩戴并牢靠固定安全带，应有接应人员配合操作 2. 检查平台栏杆是否牢固可靠 3. 操作人员在操作时应降低重心，防止地面油污、杂物造成支撑腿滑移 4. 尽量避免将腰部以下的身体探出栏杆，如果不可避免则需他人在栏杆内协助 5. 无可靠的安全措施，操作人员可拒绝执行任务 6. 现场应有足够的照明 7. 作业人员应随时注意脚下是否有空洞 8. 行走路线上如果有不明覆盖物应及时排查 9. 发现行走路线上存在空洞或障碍物，应通知其他人员并及时标记
2	人员磕碰	1. 严禁在现场猛跑或追逐打闹 2. 爬梯时尽量减少手持物，控制行进速度 3. 进入现场应佩戴安全帽，移动时应注意各方向上的障碍物 4. 工作期间严禁饮酒
3	物体坠落	1. 电源线盘应固定 2. 探身操作时应通过腕带或其他方式确保手持设备不坠落 3. 物品应妥善放置，应防止倒塌或被风吹倒 4. 现场应佩戴安全帽 5. 严禁将电源接线盘、小工具从高空抛下 6. 起吊时地面作业人员应与重物保持安全距离 7. 重物起吊后地面作业人员不得站立于重物下方

（续）

序号	危害事件	风险控制措施
4	触电	1. 作业前确认起重机的接地情况 2. 现场接电应由有电工资格的专业人员进行 3. 无关人员严禁碰触起重机电控系统 4. 与起重机的高压电接入系统保持安全距离
5	料堆崩塌	1. 作业人员应与散料堆保持安全距离，对于圆形材料堆，应尽量避免站立于物料滚动方向 2. 严禁攀爬不稳定的物料堆
6	现场火灾	1. 地面、低空作业人员应迅速撤离现场 2. 撤离时保持秩序，避免踩踏 3. 高空作业人员要保持镇定，撤离前应判断撤离路线是否安全 4. 若现场消防设备有效，撤离路线受阻时，高空作业人员应寻找避火点待救援，严禁从作业处跳下
7	起重机倾覆	1. 严禁超规范的作业工况 2. 大车移动时严禁在轨道上放置物品 3. 停工时应将大车停至指定位置并及时锚定 4. 大风时应及时锚定或（并）加缆风绳
8	钢丝绳伤人	1. 作业人员应与钢丝绳保持安全距离，避免被钢丝绳带倒 2. 起吊时与重物保持安全距离 3. 起重机的卷扬系统卡死或出现异常时安全员应及时发出通知，现场人员应及时撤离卷扬机、固定滑轮等危险区域

第十一章
起重机械安全管理制度

起重机械使用单位应当按照特种设备相关法律、法规、规章和安全技术规范的要求，建立健全特种设备使用安全管理制度。安全管理制度至少包括：设置管理机构或者管理人员制度，起重机械经常性维护保养、定期自行检查和有关记录制度，起重机械使用登记、定期检验管理制度，起重机械隐患排查治理制度，特种设备安全管理人员与作业人员管理和培训制度，起重机械采购、安装、改造、修理和报废等管理制度，起重机械应急救援管理制度及起重机械事故报告和处理制度。

一、设置管理机构或者管理人员制度

特种设备包括起重机械使用总量超过 50 台及以上时需要设置特种设备安全管理机构，特种设备包括起重机械使用总量超过 20 台及以上时需要设置专职安全管理人员，专职管理人员的主要职责如下：

1）熟悉并执行起重机械有关的国家政策、法规，结合本单位的实际情况，制定相应的管理制度。不断完善起重机械的管理工作，检查和纠正起重机械使用中的违章行为。

2）熟悉起重机的基本原理、性能、使用方法。

3）监督起重机作业人员认真执行起重机械安全管理制度和安全操作规程。

4）参与编制起重机械定期检查和维护保养计划并监督执行。

5）协助有关部门按国家规定要求向特种设备检验机构申请定期监督检查。

6）根据单位职工培训制度，组织起重机械作业人员参加有关部门举办的培训班和组织内部学习。

7）组织、督促、联系有关部门人员进行起重机械事故隐患整改。

8）参与组织起重机械一般事故的调查分析，及时向有关部门报告起重机械事故的情况。

9）参与建立、管理起重机械技术档案和原始记录档案。

10）组织紧急救援演习。

11）专职起重机械安全管理人员代号为 A，必须经过特种设备作业人员考试机构考试合格，经发证机关发证后方可上岗。

二、起重机械经常性维护保养、定期自行检查和有关记录制度

日常维护保养工作是保证起重机械安全、可靠运行的前提，在起重机械的日常使用过程中，应严格按照随机文件的规定定期对设备进行维护保养。维护保养工作可由维修人员进

行，也可以委托具有相应资质的专业单位进行，具体要求如下：

1）将起重机移至不影响其他起重机工作的位置，对因条件限制不能做到应挂安全警告牌、设置监护人并采取防止撞车和触电的措施。

2）将所有控制器手柄置于零位。

3）起重机的下方地段禁止人员通行。

4）切断电源，拉下刀开关，取下熔断器，在醒目处挂上"有人检修、禁止合闸"警告牌或派人监护。

5）在检修主滑线时，必须将配电室的刀开关断开，挂好工作牌，同时将滑线短路和接地。

6）检修换下来零部件必须逐件清点，妥善处理，不得乱放和遗留在起重机上。

7）在禁火区动用明火需办动火手续，配备相应的灭火器材。

8）登高使用的扶梯要有防滑措施且有专人监护。

9）手提行灯电压应在 36V 以下且有防护罩。

10）露天检修时，遇六级以上大风，禁止高空作业。

11）检修后先进行检查再进行润滑，然后试运行验收，确定合格方可投入使用。

三、起重机械使用登记、定期检验管理制度

起重机械使用登记、定期检验管理制度如下：

1）起重机械在定期检验合格证有效期届满前一个月，向特种设备检验机构申请定期检验。一般起重机械的检验周期为 2 年，但吊运熔融金属的起重机、升降机及塔式起重机的检验周期为 1 年。

2）起重机械停用一年重新启用，或发生重大的设备事故和人员伤亡事故，或经受了可能影响其安全技术性能的自然灾害、火灾、水淹、地震、雷击和大风等后也应该向特种设备安全监督检验机构申请检验。

3）起重机械经较长时间停用，超过一年时间的，起重机械安全管理人员认为有必要的可向特种设备安全监督检验机构申请安全检验。

4）申请起重机械安全技术检验应以书面的形式，一份报送执行检验的部门，另一份由起重机械安全管理人员负责保管，作为起重机械管理档案保存。

5）凡有下列情况之一的起重机械，必须经检验检测机构按照相应的安全技术规范的要求实施监督检验，合格后方可使用。

① 首次启用或停用一年后重新启用的。

② 经大修、改造后的。

③ 发生事故后可能影响设备安全技术性能的。

④ 自然灾害后可能影响设备安全技术性能的。

⑤ 转场安装和移位安装的。

⑥ 国家其他法律法规要求的。

四、起重机械隐患排查治理制度

起重机械隐患排查治理制度如下：

1）起重机械事故隐患自查是单位特种设备安全管理人员、现场作业人员自行对起重机械的安全使用状况进行检查，以发现并消除事故隐患的行为。

2）特种设备安全管理人员每月组织一次事故隐患集中排查；起重机械司机每天对所操作特种设备进行一次事故隐患排查。

3）各级检查人员对起重机械进行安全检查时，发现重大违法行为或者严重事故隐患时，应当立即采取必要措施，同时向本单位负责人报告，并及时向本地特种设备安全管理机构报告。

4）特种设备安全管理人员应建立起重机械事故隐患整改情况档案，确保事故隐患能够得到全过程追踪。

5）起重机械使用单位应当按照隐患排查治理制度进行隐患排查，发现事故隐患应当及时消除，待隐患消除后，方可继续使用。

五、特种设备安全管理人员与作业人员管理和培训制度

特种设备安全管理人员与作业人员管理和培训制度如下：

1）使用单位加强对起重机械作业人员和管理人员进行安全技术培训，使其掌握操作技能、了解预防起重机械事故知识，提高安全意识，持证上岗。

2）起重机械作业人员的培训考核可参照 TSG Z6001—2019《特种设备作业人员考核规则》要求，并将培训考试记录存入特种设备作业人员档案。

六、起重机械采购、安装、改造、修理和报废等管理制度

起重机械采购、安装、改造、修理和报废等管理制度如下：

1）使用部门提出特种设备购置计划，经主要负责人批准。所购起重机械必须是由具有国家相应许可证的生产单位制造，且符合安全技术规范的设备。

2）起重机械到货后，应当组织人员对照有关技术规范和标准，查验特种设备随机资料，并对实物进行检查。对设备或零件、部件、安全附件、元件等验收中发现的问题，应及时联系相关供货单位或制造单位予以妥善解决。

3）安装（移装）、改造、修理

① 必须选择具备相应资质的单位进行起重机械安装（移装）、改造、修理。

② 起重机械安装（移装）、改造、修理由施工单位向当地特种设备安全监督管理部门办理开工告知手续。使用单位应当及时向施工单位提供起重机械有关资料，配合安装单位办理设备安装（移装）、维修、改造等告知手续。

③ 起重机械在安装（移装）、改造、重大修理完毕后，应向负责特种设备安全监督管理部门办理使用登记，取得使用登记证书。登记标志应当置于起重机械的显著位置。

④ 应依法进行检验而未检验或检验不合格的，使用部门应拒绝接收该特种设备或将该特种设备投入使用。

⑤ 在完成起重机械登记后，使用部门应及时与安装单位进行现场验收和设备交接，竣工资料归入相关特种设备档案。

4）起重机械存在严重事故隐患，无改造、维修价值或者超过安全技术规范规定使用年限，使用部门应当及时向主要负责人汇报并填写报废申请，向注册登记机关办理注销手续并

将使用登记证交回注册登记机关。

七、起重机械应急救援管理制度

起重机械发生事故，事故发生单位应当迅速采取有效措施组织抢救，防止事故扩大，减少人员伤亡和财产损失，并按照国家有关规定及时、如实地向有关部门报告，不得隐瞒、谎报或不报。

为有效预防、及时控制和消除起重机械事故的危害，降低事故造成的损失，根据 TSG 08—2017《特种设备使用管理规则》的规定，建立应急预案并每年至少进行一次演习。具体管理制度如下：

1）坚持"安全第一，预防为主"的方针，相关人员应严格按照规定进行起重机械的日常操作、维修保养和使用管理，保证设备的安全运行，防止事故的发生。

2）管理人员及操作人员必须熟知维保单位或维保人员电话，确保紧急情况下能及时通知专业人员到达现场。

3）起重机械投入使用后应由专人负责，该责任人必须熟悉该设备的各种功能并能够熟练操作。

4）经常检查消防通道的畅通，各种标识应清晰。

5）发生各种可能影响起重机械安全运行的自然灾害或其他情况时，应立即停止使用，只有经过全面检查并确认安全后方可恢复使用。

6）每年应进行一次应急救援预案的演习，提高救援人员的熟练程度，验证预案的有效性，从而保证发生事故时能得到妥善处理，减少不必要的损失。

7）管理部门负责应急救援演习工作的组织，参加人员应包括起重机械使用、维护和管理的所有环节，根据需要请专业人员予以协助。

8）进行应急救援演习前应制订详细的演习计划，明确演习的程序，落实相关人员的分工，尽可能多地考虑各种可能发生的情况。

9）演习应严格按照计划规定的程序进行，所有参加人员应各负其责，认真做好分工范围内的工作。

10）每次演习可针对一种情况，也可结合多种情况综合演习。

11）演习结束后安全管理人员负责及时做好记录工作，填写意外事件和事故的应急救援演习记录表，针对出现的问题和不足，认真总结，做好整改工作。

八、起重机械事故报告和处理制度

1）起重机械在使用中发现异常情况的，作业人员或者维护保养人员应当立即采取应急措施，按照规定的程序向使用单位特种设备安全管理人员和单位有关负责人报告。

2）起重机械使用单位应当对出现故障或者发生异常情况的特种设备及时进行全面检查，查明故障和异常情况原因，及时采取有效措施，必要时停止运行，安排检验、检测，不得带病运行、冒险作业，待故障、异常情况消除后方可继续使用。

模拟试题

模拟试题 （一）

模拟试题 （一）

一、判断题

1. 钢丝绳有绳卡连接时，卡子数目一般不少于 3 个。（   ）

2. 万一起重作业人员身边有架空输电线断落或已进入具有跨步电压的区域内，应立即提起一脚或并拢双脚，雀跃式跳出 10m 之外，严禁双脚跨步奔跑。（   ）

3. 触电时，电流从一相导体流经人体回到另一相导体的触电方式称为单相触电。（   ）

4. 不同牌号的润滑油可以混合使用。（   ）

5. 轨道可用压板和螺栓固定，特殊场合可采用焊接方式固定。（   ）

6. 绳芯的主要作用是增强钢丝绳的挠性与弹性。（   ）

7. 钢丝绳应缓慢受力，不能受力过猛或产生剧烈振动，防止张力突然增大。（   ）

8. 保护接地是将电气设备正常情况下不带电的金属外壳或构架与电网的零线相接。（   ）

9. 每台起重机的照明回路的进线侧应从起重机械电源侧单独供电，起重机械总电源断开时，工作照明不应断电。（   ）

10. 《特种设备安全监察条例》规定，特种设备安全技术档案不包括特种设备运行故障和事故记录。（   ）

11. 《山东省安全生产风险管控办法》将风险等级分为重大风险、较大风险、一般风险、低风险和无风险五级。（   ）

12. 遥控器只能在操作起重机时打开，在解开背带之前应关闭遥控器。（   ）

13. 当司机室装有门时，应防止其在起重机工作时意外打开。（   ）

14. 起重机吊装作业时，出现故障，应立即检修。（   ）

15. 起吊载荷时不得突然加速和减速。（   ）

16. 被困司机在起重机漏电的情况下，如果未断开总电源，禁止自行移动，以避免跨步电压对人身的伤害。（   ）

17. 起重作业具有一定的复杂性和难度，危险因素一般。（   ）

18. "吊钩上升"的通用手势信号是：右手小臂向侧上方伸直，五指自然伸开，低于肩部，以腕部为轴摆动。（   ）

19. 起重机安全标志不能出现在使用维护说明书中。（   ）

20. 起重机械安全工作制度应向所有相关部门进行有效通报。（　　）

二、单项选择题

21. 起重机采用裸滑线时，应与煤气、乙炔气管道保持不小于（　　）m 的安全距离。

A. 3 　　　　　B. 5 　　　　　C. 4 　　　　　D. 2

22. 《特种设备安全监察条例》规定，发生重大事故，对事故发生负有责任的单位，由特种设备安全监督管理部门处（　　）罚款。

A. 10 万元以上 20 万元以下　　　　B. 20 万元以上 50 万元以下

C. 50 万元以上 200 万元以下　　　　D. 2 万元以上 5 万元以下

23. 安全标志优先选择（　　）布置，也可以水平布置。

A. 垂直　　　　B. 水平　　　　C. 随意　　　　D. 以上都不对

24. 起重机使用单位应当至少每（　　）进行一次自行检查并记录。

A. 月　　　　B. 季　　　　C. 年　　　　D. 周

25. 对钢丝绳的检验要求中，应检查由于挤压或磨损引起钢丝的压痕，有无（　　）。

A. 拉直　　　　B. 弯曲　　　　C. 断丝　　　　D. 变形

26. 起重机（　　），吊钩不准吊挂吊具、吊物等。

A. 工作开始前　B. 工作完毕后　C. 工作过程中　D. 任何时候

27. 高处作业中的交叉作业一般（　　）。

A. 不应作业　　B. 可以作业　　C. 协助作业　　D. 随意作业

28. 起重机紧急断电保护，是利用装设在司机室内（　　）位置的紧急开关来实现的。

A. 明显　　　　B. 便于操作　　C. 上部　　　　D. 入口处

29. 在触电事故中，影响人员触电电流的因素主要有（　　）。

A. 电压　　　　　　　　　　　B. 人体电阻

C. 电压和人体电阻　　　　　　D. 电压和接触电阻

30. 在（　　）开始，对在用起重机应按其类型针对适合的内容进行日常检查。

A. 每次换班或每个工作日的　　B. 每周

C. 每月　　　　　　　　　　　D. 每季

31. 严禁电磁吸盘在人和设备上方通过，要求作业范围半径（　　）m 以内，不准站人。

A. 5 　　　　　B. 6 　　　　　C. 7 　　　　　D. 8

32. 扑救贵重设备、档案资料、仪器仪表、600V 以下电器及油脂类火灾，用（　　）。

A. 泡沫灭火器　　　　　　　　B. 干粉灭火器

C. 二氧化碳灭火器　　　　　　D. 水

33. 桥式起重机按使用场合分为（　　）、堆垛起重机、防爆桥式起重机和绝缘桥式起重机。

A. 冶金起重机　　　　　　　　B. 铸造起重机

C. 料箱起重机　　　　　　　　D. 锻造桥式起重机

34. 如果没有装备自动润滑系统，设备应在（　　）状态下进行润滑。

A. 工作　　　　B. 运行　　　　C. 停机　　　　D. 故障

35. 对于动力驱动的（　　）及以上无倾覆危险的起重机应装设起重量限制器。

A. 1t   B. 2t   C. 3t   D. 4t

36. "微微转臂"的专用手势信号是：一只小臂向前平伸，手心自然朝向（   ），另一只手的拇指指向前只手的手心，余指握拢做转动。

  A. 左侧   B. 右侧   C. 外侧   D. 内侧

37. 对制动器各铰接点应至少每隔一（   ）润滑一次。

  A. 天   B. 周   C. 月   D. 年

38. 手提式灭火器，将喷嘴对准火源（   ），向火源边缘左右扫射并迅速向前推进。

  A. 顶部   B. 中部   C. 根部   D. 上方

39. 当室外起重机总高度大于（   ）m，且周围无高于起重机顶尖的建筑物和其他设施，两台起重机之间有可能相碰，或起重机及其结构妨碍空运或水运时，应在其端部装设红色障碍灯。

  A. 10   B. 20   C. 30   D. 40

40. 在用起重机的吊钩应定期检查，至少每（   ）年检查一次。

  A. 半   B. 1   C. 2   D. 3

41. 吊运炽热金属或易燃、易爆等危险品，以及发生事故后可能造成重大危险或损失的起升机构的每一套驱动装置都应装设（   ）套制动器。

  A. 1   B. 2   C. 3   D. 4

42. 安全色分（   ）种颜色。

  A. 4   B. 5   C. 6   D. 8

43. 当劳动防护用品出现损坏或其他因防护性能降低不能再保护佩戴者安全时，应（   ）劳动防护用品。

  A. 继续使用 B. 维修   C. 更换新的 D. 以上都可

44. 《山东省特种设备安全监察条例》规定，特种设备使用单位申请定期检验检测的，检验检测机构应当自收到检验检测申请之日起（   ）与申请者约定现场检验检测时间。

  A. 30 个工作日内   B. 30 日内

  C. 10 个工作日内   D. 5 个工作日内

45. 电流通过人体的持续时间（   ），越容易引起心室颤动，电击的危险性越大，救护的可能性则越小。

  A. 越长   B. 越短   C. 越小   D. 以上都不对

46. 《山东省安全生产风险管控办法》规定，制定安全生产风险管控标准，应当（   ）进行审查和论证，并征求有关部门、行业协会、企业事业单位等方面的意见。

  A. 组织专家   B. 由相关专家、领导

  C. 有关行业协会   D. 有关企业

47. 多个标志牌在一起设置时应按警告、禁止、指令、提示类型的顺序，（   ）、先上后下地排列。

  A. 以下均可 B. 先右后左 C. 随意设置 D. 先左后右

48. 《中华人民共和国特种设备安全法》规定，特种设备检验机构及其检验人员利用检验工作故意刁难特种设备生产、经营、使用单位的，特种设备生产、经营、使用单位有权向负责特种设备安全监督管理的部门投诉。（   ）。

A. 接到投诉的部门应当及时进行调查

B. 接到投诉的部门应当及时进行处理

C. 接到投诉的部门应当及时进行调查处理

D. 接到投诉的部门应当及时备案

49. 起重机起动转速低的故障原因是（　　　）。

A. 蓄电池电量不足　　　　　　　B. 油路有气

C. 气门间隙过小　　　　　　　　D. 油量不足

50. 起重量与幅度的乘积称为（　　　）。

A. 额定起重量　　　　　　　　　B. 起重量

C. 起重力矩　　　　　　　　　　D. 起重倾覆力矩

51. （　　　）会在人体皮肤表面留下明显的伤痕。

A. 电击　　　　B. 电伤　　　　C. 单相触电　　　D. 两相触电

52. 《中华人民共和国特种设备安全法》规定，特种设备生产单位明知特种设备存在同一性缺陷，未立即停止生产并召回的，责令（　　　）。

A. 停止生产，处五万元以上五十万元以下罚款；情节严重的，吊销生产许可证

B. 限期改正；处五万元以上五十万元以下罚款

C. 限期改正；处五万元以上五十万元以下罚款；情节严重的，吊销生产许可证

D. 限期改正；逾期未改正的，责令停止生产，处五万元以上五十万元以下罚款；情节严重的，吊销生产许可证

53. 每次起吊接近额定载荷的物品时，应慢速操作，并应先把物品吊离地面（　　　）的高度，试验制动器的制动性能。

A. 很大　　　　B. 较大　　　　C. 较小　　　　D. 3m

54. 《特种设备使用管理规则》规定，使用单位办理特种设备使用登记，登记机关自受理之日起（　　　），应当完成审查、发证或者出具不予登记的决定，对于一次申请登记数量超过50台或者按单位办理使用登记的可以延长至20个工作日。

A. 10 日之内　　　　　　　　　B. 10 个工作日之内

C. 15 天之内　　　　　　　　　D. 15 个工作日内

55. 对于起重机支承型轨道，轨道面宽度磨损量达原尺寸的（　　　）时应报废。

A. 5%　　　　B. 10%　　　　C. 20%　　　　D. 30%

56. 《特种设备使用管理规则》规定，对于整机出厂的特种设备，（　　　）办理使用登记。

A. 投入使用前　　　　　　　　　B. 投入使用后

C. 一般应当在投入使用前　　　　D. 投入使用后 30 日内

57. 选择吊点的位置，一般应选择在（　　　）。

A. 重心位置以上　　　　　　　　B. 重心位置以下

C. 重心位置　　　　　　　　　　D. 中心位置

58. 《中华人民共和国特种设备安全法》规定，国务院负责（　　　）对全国特种设备安全实施监督管理。

A. 特种设备安全监督管理的部门　　B. 特种设备安全的部门

C. 安全生产监督管理部门　　　　　D. 安全生产的部门

59. 主要受力构件发生腐蚀时，应进行检查和测量。当主要受力构件断面腐蚀达设计厚度的（　　）时，如果不能修复，应报废。

A. 5%　　　　　B. 8%　　　　　C. 10%　　　　　D. 15%

60. 按《中华人民共和国特种设备安全法》规定，负责特种设备安全监督管理的部门在依法履行监督检查职责时，可以行使职权：对流入市场的达到报废条件或者已经报废的特种设备（　　）。

A. 实施查封　　　　　　　　　　B. 实施拆除、查封、扣押

C. 实施查封、扣押、没收　　　　D. 实施查封、扣押

61. 对于幅度可变的起重机，根据（　　）规定起重机的额定起重量。

A. 跨度　　　　B. 起升高度　　　　C. 幅度　　　　D. 角度

62. 《特种设备使用管理规则》规定，新用特种设备的首次定期检验日期，由使用单位根据（　　）确定。

A. 安全技术规范规定　　　　　　B. 安全技术规范、监督检验报告和使用情况

C. 使用情况　　　　　　　　　　D. 安全技术规范规定和使用情况

63. 将起重电磁铁放在被吸持物的表面，起重电磁铁通电后，开动起升机构离地（　　），验证其吸重能力。

A. 50 ~ 100mm　　B. 100 ~ 200mm　　C. 200 ~ 300mm　　D. 300 ~ 400mm

64. 《中华人民共和国特种设备安全法》规定，特种设备使用单位的特种设备安全技术档案包括其（　　）、产品质量合格证明、安装及使用维护保养说明、监督检验证明等相关技术资料和文件。

A. 设计文件　　　B. 制造文件　　　C. 管理文件　　　D. 使用文件

65. 钩片叠装时必须贴紧，各钩片间的缝隙不得大于（　　）。

A. 0.3mm　　　B. 0.5mm　　　C. 0.8mm　　　D. 1mm

66. 起重作业中的"三不伤害"是指：不伤害自己、不伤害他人和（　　）。

A. 不伤害机器　　B. 不被他人伤害　　C. 不伤害设备　　D. 不伤害环境

67. 跨度大于（　　）m 的门式起重机和装卸桥宜装设偏斜指示器或限制器。

A. 20　　　　B. 30　　　　C. 40　　　　D. 50

68. 如果从较长的钢丝绳上截取所需长度，应对切割点两侧进行保护，防止切割后（　　）。

A. 伤人　　　B. 松捻　　　C. 腐蚀　　　D. 损坏

69. 调整起重机的起升机构制动器时，应确保断电后制动下滑距离小于或等于（　　）。

A. $v_起/50$　　　B. $v_起/60$　　　C. $v_起/65$　　　D. $v_起/100$

70. 起重作业过程中，司机不得离开岗位，如果遇特殊情况（　　）。

A. 可以离开

B. 必须将吊物放地后，方可离开

C. 必须将吊物升至安全通行高度方可离开

D. 必须将吊物升至上极限位置方可离开

71. 闭合主电源前，应使所有的控制器手柄置于（　　）。

A. 零位　　　B. 正向档位　　　C. 反向档位　　　D. 均可

72. （　　）是最危险的触电伤害，大部分触电死亡事故都是由其所致。

A. 电击　　　　　B. 电伤　　　　　C. 电灼伤　　　　　D. 电烙印

73. 超速开关的整定值取决于控制系统性能和额定下降速度，通常为额定速度的（　　）倍。

A. 1～1.5　　　　B. 1.25～1.4　　　C. 1.25～1.5　　　D. 1～2

74. 当起重机的操作不需要信号员时，（　　）负有起重作业的责任。

A. 起重安全管理人员　　　　　B. 单位负责人

C. 司机　　　　　　　　　　　D. 设备管理人

75. 钢丝绳用绳卡连接时，绳卡间距不应小于钢丝绳直径的（　　）倍。

A. 2　　　　　　B. 4　　　　　　C. 6　　　　　　D. 8

76. 三角形薄板的重心，在（　　）。

A. 三个角平分线交点上　　　　B. 三条垂线交点上

C. 三条中线的交点上　　　　　D. 三角的一个顶点

77. 起重司机所使用的音响信号中，一短声表示（　　）。

A. 明白　　　　　B. 重复　　　　　C. 注意　　　　　D. 无意义

78. 原地稳钩应跟车到（　　）。

A. 最大摆幅　　　　　　　　　B. 1/3 最大摆幅

C. 1/4 最大摆幅　　　　　　　D. 1/2 最大摆幅

79. 采用无线遥控的起重机应设有明显的遥控（　　）。

A. 说明　　　　　　　　　　　B. 警示标志

C. 工作指示灯　　　　　　　　D. 照明灯

80. 吊钩开口达原尺寸的10%时应报废，其检验工具为（　　）。

A. 游标卡尺　　　B. 千分尺　　　　C. 塞尺　　　　　D. 直尺

81. 制动力矩的调整是通过调整（　　）来实现的。

A. 电磁铁行程　　　　　　　　B. 主弹簧工作长度

C. 制动瓦块与制动轮的间隙　　D. 销轴

82. 周检中对液压起重机应检查其液压系统有无（　　）。

A. 渗漏　　　　　B. 异常　　　　　C. 噪声　　　　　D. 杂声

83. 起重机电控设备中各电路的绝缘电阻，在一般环境中不应小于（　　）MΩ。

A. 1　　　　　　B. 2　　　　　　C. 3　　　　　　D. 4

84. 女性的感知电流和摆脱电流均比男性（　　）。

A. 大　　　　　　B. 小　　　　　　C. 不确定　　　　D. 一样

85. 用电磁吸盘起吊钢铁材料，当其温度达到（　　）时，电磁吸盘失去起吊能力。

A. 300℃　　　　B. 400℃　　　　C. 500℃　　　　D. 700℃

86. "降臂"的专用手势信号是：单手手臂向一侧水平伸直，拇指朝下，余指握拢，小臂向（　　）摆动。

A. 下　　　　　　B. 上　　　　　　C. 左　　　　　　D. 右

87. 电动葫芦的起升卷筒大部分都设有防止乱绳的（　　）。

A. 限位器　　　　B. 缓冲器　　　　C. 制动器　　　　D. 导绳器

88. 一般起重作业的施工方案和技术措施都是在起重作业之前编制的，其目的是使起重作业（　　　）。

    A. 工作方便 　　　　　　　　　B. 建立在安全可靠的基础上

    C. 为应付监管要求 　　　　　　D. 绑扎吊物简单

89. 通用手势信号中，"预备"为手臂伸直置于头（　　　），五指自然伸开，手心朝前保持不动。

    A. 上方 　　　　B. 前方 　　　　C. 侧方 　　　　D. 后方

90. 对于新制造的、新安装的、改造和大修的起重机，在初次使用之前及起重机发生重大设备事故之后的再次使用应进行（　　　）试验。

    A. 空载 　　　　B. 静载 　　　　C. 动载 　　　　D. 载荷起升能力

三、不定项选择题

91. 依照《特种设备安全监察条例》规定，实施（　　　）的特种设备安全监督管理部门，应当严格依照条例规定条件和安全技术规范要求对有关事项进行审查。

    A. 备案 　　　　B. 许可 　　　　C. 核准 　　　　D. 登记 　　　　E. 检验

92. 无须实施安装监督检验的起重机有（　　　）。

    A. 通用桥式起重机 　　　　　　B. 通用门式起重机

    C. 以整机滚装形式出厂的轮胎式集装箱门式起重机

    D. 以整机滚装形式出厂的轨道式集装箱门式起重机

93. 安全电压的额定值有（　　　）。

    A. 42V 　　　　B. 36V 　　　　C. 24V 　　　　D. 12V 　　　　E. 6V

94. 电伤是电流的（　　　）对人体造成的伤害。

    A. 热效应 　　　　B. 化学效应 　　　　C. 机械效应 　　　　D. 光效应

95. 对减速器要经常检查（　　　）。

    A. 地脚螺栓，确保不松动 　　　B. 螺栓没有脱落或折断

    C. 接地保护可靠 　　　　　　　D. 不漏油

96. 电动机过热的可能原因有（　　　）。

    A. 超载吊运 　　　B. 电压太低 　　　C. 制动次数多 　　　D. 制动间隙小

97. 火灾报警时要说明（　　　）。

    A. 起火的地点 　　　　　　　　B. 单位名称与电话号码

    C. 着火物品 　　　　　　　　　D. 是否有人受伤

98. 需装设防护罩的部位有（　　　）。

    A. 开式齿轮 　　B. 联轴器 　　C. 传动轴 　　D. 链轮 　　E. 链条

99. 臂架型起重机在设计时，已为其制定了起重机特性曲线，其特性曲线包括（　　　）参数。

    A. 起重量 　　　B. 工作幅度 　　　C. 起重力矩 　　　D. 跨度

100. 制动器的调整通常包括三个方面：（　　　）。

    A. 调整电磁吸力 　　　　　　　B. 调整工作行程

    C. 调整制动力矩 　　　　　　　D. 调整制动间隙

模拟试题（二）

一、判断题

1. 《特种设备安全监察条例》规定，特种设备超过安全技术规范规定使用年限时，特种设备使用单位应当及时予以报废。（　　）

2. 《中华人民共和国特种设备安全法》规定，负责特种设备安全监督管理的部门在依法履行监督检查职责时，可以行使职权：对有证据表明不符合安全技术规范要求或者存在严重事故隐患的特种设备实施查封。（　　）

3. 起重机使用单位应当制定起重机事故应急救援预案，根据需要建立应急救援队伍并且定期演练。（　　）

4. 控制与操作系统的布置应使司机对起重机工作区域及所要完成的操作有足够的视野。（　　）

5. 轮齿折断大于或等于齿宽的1/3，齿轮应报废。（　　）

6. 每只单面梯只能1人攀登工作。（　　）

7. 对起重机实行预防性、计划性、预见性的维修保养的工作制度。（　　）

8. 制动器的传动构件出现影响性能的严重变形时应报废。（　　）

9. 载荷在吊运前应通过各种方式确认起吊载荷的质量。（　　）

10. 我国标准规定，安全电压是不超过有效值50V的电压。（　　）

11. 滑轮槽不均匀磨损达3mm时，滑轮应报废。（　　）

12. 起重作业人员要不断学习新技术、新工艺，努力提高自己的操作技能水平。（　　）

13. 安全标志牌应采用坚固耐用的材料制作，一般宜使用遇水变形、变质或易燃的材料。（　　）

14. 发生起重机故障或事故应及时报告，可以不做记录。（　　）

15. 各种照明均应设短路保护。（　　）

16. 开闭锁应有明确的机械或电气指示表明转锁处于开锁或闭锁状态。（　　）

17. 钢丝绳绳芯中含有油脂，当绳受力时起润滑钢丝的作用。（　　）

18. 额定起重量是在正常工作条件下，对于给定的起重机类型和载荷位置，起重机设计能起升的最大净起重量。（　　）

19. 轨道端部止挡装置应牢固可靠，防止起重机脱轨。（　　）

20. 起重机的载荷状态共分为8级。（　　）

二、单项选择题

21. 凡是有轨运行的各种类型的起重机，均应设置（　　）限位器。

A. 幅度
B. 超载
C. 运行极限位置
D. 超力矩

22. 《中华人民共和国特种设备安全法》规定，特种设备生产、经营、使用单位未对特种设备安全管理人员、检测人员和作业人员进行安全教育和技能培训的，（　　）。

A. 责令限期改正；逾期未改正的，责令停止使用有关特种设备或者停产停业整顿，处一万元以上五万元以下罚款

B. 责令限期改正；处一万元以上五万元以下罚款

C. 责令停止使用有关特种设备或者停产停业整顿，处一万元以上五万元以下罚款

D. 责令改正；未改正的，责令停止使用有关特种设备或者停产停业整顿，处一万元以上五万元以下罚款

23. 卷筒壁磨损至原壁厚的（　　）时，卷筒应报废。

A. 5%　　　　　　B. 10%　　　　　　C. 20%　　　　　　D. 30%

24.《中华人民共和国特种设备安全法》规定，违反本法规定，特种设备安装、改造、修理的施工单位（　　），或者在验收后 30 日内未将相关技术资料和文件移交特种设备使用单位的，责令限期改正；逾期未改正的，处一万元以上十万元以下罚款。

A. 在施工前未书面告知负责特种设备安全监督管理的部门即行施工的

B. 在施工前未告知负责特种设备安全监督管理的部门即行施工的

C. 在施工前未书面告知负责特种设备安全监督管理部门的

D. 在施工后未书面告知负责特种设备安全监督管理部门的

25. 两轨道同一截面高度差不得大于（　　）mm。

A. 5　　　　　　B. 10　　　　　　C. 15　　　　　　D. 20

26.《中华人民共和国特种设备安全法》规定，特种设备生产单位销售、交付未经检验或者检验不合格的特种设备的，（　　）。

A. 责令停止经营，没收违法经营的特种设备，处三万元以上三十万元以下罚款；有违法所得的，没收违法所得

B. 责令停止经营，没收违法经营的特种设备，处三万元以上三十万元以下罚款

C. 责令停止经营，没收违法经营的特种设备

D. 责令停止经营，没收违法经营的特种设备，处三万元以上三十万元以下罚款；有违法所得的，没收违法所得；情节严重的，吊销生产许可证

27. 小车运行速度是在稳定运动状态下，小车（　　）运动时的速度。

A. 垂直　　　　　　B. 横移　　　　　　C. 回转　　　　　　D. 上下

28.《特种设备安全监察条例》规定，锅炉、压力容器、电梯、起重机械、客运索道、大型游乐设施的安装、改造、维修的施工单位以及场（厂）内专用机动车辆的改造、维修单位，在施工前未将拟进行的特种设备安装、改造、维修情况（　　）直辖市或者设区的市的特种设备安全监督管理部门即行施工的，由特种设备安全监督管理部门责令限期改正。

A. 书面告知　　　　　　　　　　B. 书面申请

C. 书面申报　　　　　　　　　　D. 当面申报

29. 露天起重机如遇（　　）级风以上，就应停止工作。

A. 6　　　　　　B. 7　　　　　　C. 8　　　　　　D. 9

30.《中华人民共和国特种设备安全法》规定，负责特种设备安全监督管理部门的安全监察人员应当熟悉相关法律、法规，（　　），取得特种设备安全行政执法证件。

A. 具有相应专业技术水平　　　　B. 具有 10 年以上工作经历

C. 具有特种设备专业技术水平　　D. 具有相应的专业知识和工作经验

31. （　　　）会在人体皮肤表面留下明显的伤痕。

A. 电击　　　　　B. 电伤　　　　　C. 单相触电　　　D. 两相触电

32. 《中华人民共和国特种设备安全法》规定，违反本法规定，特种设备出厂时，未按照安全技术规范的要求随附相关技术资料和文件的，（　　　）。

A. 责令限期改正；逾期未改正的，责令停止制造、销售，处二万元以上二十万元以下罚款；有违法所得的，没收违法所得

B. 责令停止制造、销售，处二万元以上二十万元以下罚款；有违法所得的，没收违法所得

C. 责令停止制造、销售，处二万元以上二十万元以下罚款

D. 责令限期改正；处二万元以上二十万元以下罚款

33. 吊起的重物落地时，起重机应采用（　　　）。

A. 快速落地　　　　　　　　　B. 慢速落地

C. 自由落地　　　　　　　　　D. 冲击落地

34. 《特种设备使用管理规则》规定，使用（　　　）大型游乐设施的使用单位，应当设置特种设备安全管理机构，逐台落实安全责任人。

A. 5台以上（含5台）　　　　　B. 10台以上（含10台）

C. 15台以上（含15台）　　　　D. 20台以上（含20台）

35. 对于人触电持续时间长短与危险性的关系，下面说法错误的是（　　　）。

A. 触电的危险与电流大小无关

B. 触电时间越长、危险性就越大

C. 触电时间越长，则允许电流数值越小

D. 如果触电时间很长，即使是安全电流也会使人死亡

36. 《特种设备安全监察条例》规定，特种设备生产单位对其生产的特种设备的（　　　）负责。

A. 安全性能　　　　　　　　　B. 能效指标

C. 安全性能和能效指标　　　　D. 产品质量

37. 为消除吊钩的摇摆，操作人员应注意观察，一般摆幅大，跟车距离就（　　　）。

A. 小　　　　　B. 大　　　　　C. 一定　　　　　D. 不确定

38. 《特种设备安全监察条例》规定，地方各级特种设备安全监督管理部门不得以任何形式进行（　　　）。

A. 变相罚款　　　　　　　　　B. 地区封锁

C. 地方保护　　　　　　　　　D. 地方保护和地区封锁

39. 主要受力构件断面腐蚀达原厚度的（　　　）应报废。

A. 5%　　　　　B. 10%　　　　　C. 15%　　　　　D. 20%

40. 《特种设备使用管理规则》规定，使用单位应当（　　　）。

A. 逐台建立特种设备安全与节能技术档案

B. 建立特种设备安全与节能技术档案

C. 建立特种设备安全技术档案

D. 建立特种设备节能技术档案

41. A 类火灾：（　　　）物质火灾。这种物质通常具有有机物性质，一般在燃烧时能产生灼热的余烬。

A. 固体　　　　　B. 液体　　　　　C. 气体　　　　　D. 带电

42.《中华人民共和国特种设备安全法》规定，国家支持有关特种设备安全的科学技术研究，鼓励先进技术和先进管理方法的推广应用，对做出突出贡献的单位和个人给予（　　　）。

A. 鼓励　　　　　B. 表扬　　　　　C. 奖励　　　　　D. 立功

43. 抢救触电者时，应将触电人放在（　　　）的地方，使其躺在地面上施救。

A. 较冷　　　　　B. 较热　　　　　C. 通风　　　　　D. 狭小

44.《特种设备使用管理规则》规定，特种设备应当根据设备特点和使用环境、场所，设置（　　　）。

A. 安全使用说明、安全注意事项和安全警示标志

B. 安全使用说明

C. 安全警示标志

D. 使用登记和定期检验标志

45. 板钩衬套磨损达原尺寸的（　　　）应报废。

A. 30%　　　　　B. 40%　　　　　C. 50%　　　　　D. 60%

46. 不宜用作起重绳的是（　　　）。

A. 混绕绳　　　　B. 交绕绳　　　　C. 顺绕绳　　　　D. 复合绳

47. 电阻器在使用中温升不应超过（　　　）℃，电阻器表面应保持清洁，易于散热。

A. 100　　　　　B. 200　　　　　C. 300　　　　　D. 500

48. 翻转大型物体，应先垫好旧轮胎或木板等衬垫物，操作人员应站在重物倾斜方向的（　　　）。

A. 对面　　　　　B. 正面　　　　　C. 侧面　　　　　D. 以上都对

49. 不考虑其他客观危险因素，2～5m 高处作业属于（　　　）级高处作业。

A. Ⅰ　　　　　B. Ⅱ　　　　　C. Ⅲ　　　　　D. Ⅳ

50. 下列说法错误的是（　　　）。

A. 人体能够导电

B. 80V 是安全电压

C. 保护接地和保护接零作用是一样的

D. 跨步电压触电主要是两脚之间触电

51. 静载试验按（　　　）倍额定载荷加载。

A. 1　　　　　B. 1.1　　　　　C. 1.25　　　　　D. 1.5

52. 对于新制造的、新安装的、改造和大修的起重机在初次使用之前及起重机发生重大设备事故之后的再次使用应进行（　　　）试验。

A. 空载　　　　　B. 静载　　　　　C. 动载　　　　　D. 载荷起升能力

53. 钢丝绳的维护保养应根据起重机的（　　　）、工作环境和钢丝绳的种类而定。

A. 工作级别　　　B. 用途　　　　　C. 使用期限　　　D. 种类

54. 安全色分（　　　）种颜色。

A. 4　　　　　B. 5　　　　　C. 6　　　　　D. 8

55. 对于保护接零系统,起重机的重复接地或防雷接地的接地电阻不大于(   )Ω。

A. 1   B. 4   C. 10   D. 100

56. 起重机使用单位应当至少每(   )进行一次自行检查并记录。

A. 月   B. 季   C. 年   D. 周

57. 固定式照明的电压不宜超过(   )V。

A. 36   B. 42   C. 220   D. 380

58. (   )时,物体离地后会出现晃动、碰撞、冲击等情况,危险性很大。

A. 起升   B. 下降   C. 斜吊   D. 移动

59. 指挥人员应与被吊物体保持(   )距离。

A. 一定   B. 安全   C. 细小   D. 零

60. 起升机构的制动轮制动面厚度磨损达原厚度的(   )时,制动轮报废。

A. 40%   B. 30%   C. 20%   D. 10%

61. 经常处于合闸状态,当机构工作时利用外力的作用使之松闸,这种制动器称为(   )。

A. 常开式   B. 常闭式   C. 盘式   D. 闸瓦式

62. 起重作业计划应由(   )制订。

A. 起重机司机   B. 起重机指挥

C. 起重机司索   D. 有经验的主管人员

63. 超速开关的整定值取决于控制系统性能和额定下降速度,通常为额定速度的(   )倍。

A. 1～1.5   B. 1.25～1.4   C. 1.25～1.5   D. 1～2

64. 主梁和端梁失去(   )应报废。

A. 整体稳定性   B. 弹性   C. 塑性   D. 裂纹

65. (   )钢丝绳不适宜在高温环境中工作,也不适宜在承受横向压力的情况下工作。

A. 纤维芯   B. 石棉芯   C. 金属芯   D. 钢丝芯

66. "微微转臂"的专用手势信号是:一只小臂向前平伸,手心自然朝向(   ),另一只手的拇指指向前只手的手心,余指握拢做转动。

A. 左侧   B. 右侧   C. 外侧   D. 内侧

67. 在稳定运动状态下,工作载荷水平位移的平均速度称为(   )。

A. 运行速度   B. 回转速度

C. 变幅速度   D. 小车运行速度

68. 应经常检验定滑轮及固定点部位的钢丝绳,以及靠近(   )那段钢丝绳。

A. 定滑轮   B. 吊钩   C. 动滑轮   D. 平衡滑轮

69. 采用无线遥控的起重机应设有明显的遥控(   )。

A. 说明   B. 警示标志   C. 工作指示灯   D. 照明灯

70. 每次起吊接近额定载荷的物品时,应慢速操作并应先把物品吊离地面(   )的高度,试验制动器的制动性能。

A. 很大   B. 较大   C. 较小   D. 3m

71. ( ) 指具有特殊的起升、变幅、回转机构的起重机单独使用的指挥信号。

A. 音响信号   B. 专用手势信号

C. 通用手势信号   D. 指挥语言

72. "履带起重机回转"的专用手势信号是：一只小臂水平前伸，五指自然伸出不动，另一只手小臂在胸前做水平重复 ( )。

A. 上下   B. 不动   C. 转动   D. 摆动

73. 导绳器破裂的原因可能是 ( )。

A. 斜吊   B. 绳变形   C. 导绳过细   D. 导绳过粗

74. 起重机工作完毕后，应将吊钩升至接近 ( ) 位置的高度。

A. 工件   B. 下极限   C. 上极限   D. 司机室

75. 桥式、门式起重机的 ( ) 部分是起重机动作的执行机构，吊物的升降和移动都是由相应的机械传动机构的运转而实现的。

A. 机械传动   B. 金属结构   C. 电气传动   D. 控制系统

76. 起重机械出现故障或者发生异常情况时，使用单位应当停止使用，对其 ( )，消除故障和事故隐患后，方可重新投入使用。

A. 局部检查   B. 全面检查   C. 检验   D. 维护保养

77. 当起重量不变时，工作幅度越大，起重力矩应 ( )。

A. 越大   B. 越小   C. 不变   D. 不确定

78. 起重作业中的"三不伤害"是指：不伤害自己、不伤害他人和 ( )。

A. 不伤害机器   B. 不被他人伤害

C. 不伤害设备   D. 不伤害环境

79. 起重机大车滑触线侧应设置 ( )，以防止小车在端部极限位置时因吊具或钢丝绳摇摆与滑触线意外接触。

A. 防护装置   B. 限位装置   C. 防碰装置   D. 缓冲器

80. 重物起吊前，首先要试吊，试吊高度在 ( )m 以下，待确认无危险后再起吊。

A. 2   B. 1.5   C. 0.5   D. 0.8

81. 有防爆要求的起重机不应采用 ( ) 传动。

A. 齿轮   B. 开式齿轮   C. 行星齿轮   D. 锥齿轮

82. 特种设备的 ( ) 应当根据特种设备的不同特性建立相适应的事故应急救援预案。

A. 施工单位   B. 制造单位   C. 使用单位   D. 检验机构

83. 起重指挥人员采用旗语指挥时，右手持 ( )。

A. 红旗   B. 绿旗   C. 指挥棒   D. 对讲机

84. 起重作业中的"四懂"是指：懂原理、懂构造、懂性能和 ( )。

A. 懂工具   B. 懂索具   C. 懂工艺流程   D. 懂维修

85. 使用滑触线供电的起重机，对易发生触电的部位应设 ( )。

A. 防护装置   B. 限位装置   C. 防碰装置   D. 缓冲器

86. 手提式灭火器，将喷嘴对准火源 ( )，向火源边缘左右扫射并迅速向前推进。

A. 顶部   B. 中部   C. 根部   D. 上方

87. 指挥人员对所指定的起重机（   ）技术性能后才能指挥。

A. 必须熟悉　　　B. 一般了解　　　C. 不必熟悉　　　D. 大致了解

88. 当起重作业地点存在或出现不适宜作业的环境情况时，应（   ）。

A. 继续作业　　　　　　　　　B. 在领导的监督下作业

C. 在指挥人员的指挥下作业　　D. 停止作业

89. 减速器使用过程中，应每（   ）更换一次润滑油。

A. 月　　　　　B. 3 个月　　　　C. 6 个月　　　　D. 半年到一年

90. 人体触电最严重的是（   ）。

A. 静电触电　　B. 两相触电　　　C. 单相触电　　　D. 跨步电压触电

三、不定项选择题

91.《中华人民共和国特种设备安全法》规定，（   ）应当加强对特种设备安全工作的领导，督促各有关部门依法履行监督管理职责。

A. 全国人大　　　　　　　　　B. 国务院

C. 地方各级人民政府　　　　　D. 国家安全生产监督管理部门

92. 在用起重机定期检验周期为每年 1 次的有（   ）。

A. 塔式起重机　　　　　　　　B. 通用桥式起重机

C. 升降机　　　　　　　　　　D. 流动式起重机

93. 制动失灵的原因是（   ）。

A. 电动机轴断裂　　　　　　　B. 锥形制动环磨损严重

C. 制动环磨出台阶　　　　　　D. 电动机转速低

94. 事故简要经过：某日晚上，一码头内，起重机操作人员在抓吊石子作业时，工人罗某从船中走来，操作人员未知其进入，抓斗撞击到罗某背部，送医院抢救无效死亡。事故调查：该抓斗定检合格，在有效期内使用，检查没有发现存在与事故相关的设备缺陷。操作人员持证上岗，未发现有违章操作行为。事故原因分析：（   ）。

A. 设备有缺陷　　　　　　　　B. 缺少现场的安全管理

C. 没有配足作业现场的灯光　　D. 安全装置失灵

95. 起重作业中的"四懂"是指：（   ）。

A. 懂原理　　　B. 懂构造　　　　C. 懂性能　　　　D. 懂工艺流程

96. 楼梯间内不应设置（   ）。

A. 烧水间　　　　　　　　　　B. 可燃材料储藏室

C. 垃圾道　　　　　　　　　　D. 送风口

97. 安全标志的目的有（   ）。

A. 提醒人们存在危险或潜在危险　　B. 识别危险

C. 描述危险的特征　　　　　　　　D. 说明危险可能造成的人身伤害

E. 指导人员如何避免危险

98. 起重机的工作运动参数包括（   ）。

A. 运行速度　　　　　　　　　B. 回转速度

C. 变幅速度　　　　　　　　　D. 大车运行速度

E. 小车运行速度

99. 根据钢丝之间的接触状态之不同，可分为（　　　）三种形式的钢丝绳。

A. 点接触　　　　　B. 线接触　　　　　C. 面接触　　　　　D. 圆接触

100. 起重机的电气安全保护措施有（　　　）。

A. 短路保护　　　　　　　　　　　B. 零位保护

C. 保护接地　　　　　　　　　　　D. 错相和断相保护

模拟试题（三）

一、判断题

1. 每次吊运前，应把钩头调整到被吊物件重心的铅垂线上。（　　　）

2. 起重作业，无须确定起吊载荷的质心，直接进行绑扎吊装。（　　　）

3. 电气设备和线路由于绝缘老化，会使泄漏电流、介质损耗增大，导致绝缘过热损坏，从而导致火灾和爆炸。（　　　）

4. 当室外起重机总高度大于 35m，且周围无高于起重机顶尖的建筑物和其他设施，两台起重机之间有可能相碰，或起重机及其结构妨碍空运或水运时，应在其端部装设红色障碍灯。（　　　）

5. 钢丝绳吊索严禁超载荷使用。（　　　）

6. 指挥人员指挥时可以不用哨音。（　　　）

7. 主要受力构件发生裂纹时，应立即采取阻止裂纹继续扩张及改变应力的措施，如果不能修复则应报废。（　　　）

8. 起升机构和变幅机构设置的制动器必须是常开式的。（　　　）

9. 起重机取物装置本身的重量，一般不包括在额定起重量之中。（　　　）

10. 焊工应经专业部门考试合格并取得合格证书且在有效期内。（　　　）

11. 各种电器的联锁机构或接触机构因疲劳损坏而有碍灵活联锁或接触时应报废。（　　　）

12. 控制吊运速度，做到"两头快，中间慢"。（　　　）

13. 司机交班时，设备的故障情况无须交代。（　　　）

14. 吊索或链条可以在地面拖拽。（　　　）

15. 起重机"前进"是指起重机离开指挥人员。（　　　）

16. 降低设备的重心可以增加支承物体的平稳程度。（　　　）

17. 起重机司机负责制订工作计划。（　　　）

18.《中华人民共和国特种设备安全法》规定，负责特种设备安全监督管理的部门在办理本法规定的许可时，其受理、审查、许可的程序必须公开，并应当自受理申请之日起 10 日内，做出许可或者不予许可的决定。（　　　）

19.《中华人民共和国特种设备安全法》规定，国家建立缺陷特种设备召回制度。特种设备存在产品质量问题的，特种设备生产单位应当立即停止生产，主动召回。（　　　）

20. 当司机室装有门时，应防止其在起重机工作时意外打开。（　　　）

二、单项选择题

21. 不考虑其他客观危险因素，2～5m 高处作业属于（　　　）级高处作业。

A. Ⅰ　　　　　　B. Ⅱ　　　　　　C. Ⅲ　　　　　　D. Ⅳ

22. 起吊过程中，对无反接制动性能的起重机，除特殊紧急情况外，（　　　）利用打返车进行制动。

A. 不得　　　　　B. 可以　　　　　C. 允许　　　　　D. 有时可以

23. 露天工作的起重机工作完毕后，（　　　）应采取措施固定牢靠，以防被大风吹跑。

A. 吊钩　　　　　B. 起升机构　　　　C. 重物　　　　　D. 大车、小车

24. 两根钢丝绳挂一钩起吊重物时，钢丝绳间的夹角一般在（　　　）之间被认为是理想的。

A. 30°～45°　　　　　　　　　　B. 50°～60°

C. 60°～90°　　　　　　　　　　D. 100°～120°

25. 触电时，电流从一相导体流经人体回到另一相导体的触电方式称为（　　　）。

A. 单相触电　　B. 两相触电　　C. 跨步电压触　　D. 接触电压触电

26. 钢丝绳用绳夹连接时，每两个钢丝绳夹的间距不小于钢丝绳直径的（　　　）倍。

A. 4　　　　　　B. 5　　　　　　C. 6　　　　　　D. 8

27. 当不知道载荷的精确质量时，（　　　）要确保吊起的载荷不超过额定载荷。

A. 起重安全管理人员　　　　　　B. 单位负责人

C. 负责作业的人员　　　　　　　D. 设备管理人

28. 运动的钢丝绳与机械某部位发生摩擦接触时，应在机械接触部位采取适当的（　　　）措施。

A. 隔热　　　　　B. 保护　　　　　C. 散热　　　　　D. 导热

29. "履带起重机回转"的专用手势信号是：一只小臂水平前伸，五指自然伸出不动，另一只手小臂在胸前做水平重复（　　　）。

A. 上下　　　　　B. 不动　　　　　C. 转动　　　　　D. 摆动

30. 危险工况辨识是（　　　）系统中的危险工况。

A. 发现、识别　　B. 监控　　　　　C. 控制　　　　　D. 排除

31. 起重机司机使用的音响信号中"二短声"表示（　　　）。

A. 注意　　　　　B. 明白　　　　　C. 重复　　　　　D. 微动

32. 危险工况辨识常用方法有（　　　）和系统安全分析法。

A. 对照法　　　　　　　　　　　B. 故障树分析法

C. 事故树分析法　　　　　　　　D. 事件树分析法

33. 能清除皮肤上的油、尘、毒等污物，使皮肤免受损害的皮肤防护用品称作（　　　）。

A. 防水型护肤剂　　　　　　　　B. 防油型护肤剂

C. 洁肤型护肤剂　　　　　　　　D. 洗手液

34. 起重机运行轨道的端部及起重机小车运行轨道的端部均应设置（　　　）。

A. 制动装置　　　　　　　　　　B. 轨道端部止挡体

C. 报警装置　　　　　　　　　　D. 减速装置

35. 触电者神志清醒，但心慌、四肢麻木、全身无力，或者在触电过程中曾出现昏迷，但已清醒，应使其（　　）。

A. 站立走动　　　　　　　　　　B. 安静休息

C. 自行休息　　　　　　　　　　D. 继续工作

36. 起重指挥使用的指挥旗颜色一般为（　　）。

A. 红色和绿色　　　　　　　　　B. 红色和蓝色

C. 黄色和绿色　　　　　　　　　D. 黄色和蓝色

37. 起升机构制动能力应为额定起重量的（　　）倍。

A. 1. 25　　　B. 1. 1　　　C. 1　　　D. 0. 8

38. （　　）可以改变力的方向，但不能省力。

A. 定滑轮　　　B. 动滑轮　　　C. 滑轮组　　　D. 平衡滑轮

39. 起重机使用单位应当至少每（　　）进行一次自行检查并记录。

A. 月　　　B. 季　　　C. 年　　　D. 周

40. 对于室外作业的高大起重机应安装风速仪，风速仪应安置在起重机上部（　　）处。

A. 顺风　　　B. 迎风　　　C. 下风　　　D. 任意

41. （　　）标志是提醒人们对周围环境引起注意，避免可能发生危险的图形标志。

A. 禁止　　　B. 警告　　　C. 指令　　　D. 提示

42. 桥式、门式起重机的机械传动机构由起升机构、（　　）运行机构和大车运行机构三部分组成。

A. 变幅　　　B. 支腿伸缩　　　C. 回转　　　D. 小车

43. 确定起重机起吊载荷的载荷质量时，（　　）起吊装置的质量。

A. 应包括　　　B. 不包括　　　C. 无须考虑　　　D. 不考虑

44. 当绳端或其附近出现断丝时，表明钢丝绳该部分（　　）很大。

A. 应力　　　B. 磨损　　　C. 腐蚀　　　D. 变形

45. 指挥信号不明确、违章指挥、超载（　　）。

A. 一般可以吊　　　B. 允许吊　　　C. 不吊　　　D. 斜吊

46. 运行极限位置限位器由限位开关和（　　）组成。

A. 缓冲器　　　B. 安全尺　　　C. 锚定　　　D. 偏斜指示器

47. 起重机吊钩的开口度比原尺寸增加（　　）时，吊钩应报废。

A. 10%　　　B. 15%　　　C. 20%　　　D. 30%

48. 吊钩的（　　）断面是日常检查和安全检查的重要部位。

A. 危险　　　B. 颈部　　　C. 开口部　　　D. 垂直

49. 电流流过人体的路径不同时，人体触电的严重程度亦不同，最危险的途径是（　　）。

A. 从左脚到右脚　　　　　　　　B. 通过头部

C. 通过中枢神经　　　　　　　　D. 从左手到前胸

50. 人体触电最严重的是（　　）

A. 静电触电　　　B. 两相触电　　　C. 单相触电　　　D. 跨步电压触电

51. 《中华人民共和国特种设备安全法》规定，特种设备使用单位违反本法规定，使用未取得许可生产、未经检验或者检验不合格的特种设备，或者国家明令淘汰、已经报废的特种设备的，（　　）。

A. 责令停止使用有关特种设备

B. 责令停止使用有关特种设备，处三万元以上三十万元以下罚款

C. 责令限期改正；逾期未改正的，处三万元以上三十万元以下罚款

D. 责令限期改正；逾期未改正的，责令停止使用有关特种设备，处三万元以上三十万元以下罚款

52. 露天起重机如遇（　　）级以上的风，就应停止工作。

A. 6　　　　　　 B. 7　　　　　　 C. 8　　　　　　 D. 9

53. 每只单面梯只能（　　）人攀登工作。

A. 2　　　　　　 B. 1　　　　　　 C. 3　　　　　　 D. 0

54. 在吊重状态下，司机（　　）离开司机室。

A. 不得　　　　 B. 可以　　　　 C. 允许　　　　　 D. 一般可以

55. 当起重机的操作不需要信号员时，（　　）负有起重作业的责任。

A. 起重安全管理人员　　　　　　 B. 单位负责人

C. 司机　　　　　　　　　　　　 D. 设备管理人

56. 齿式联轴器的清洗润滑频率应为（　　）。

A. 每月一次　　 B. 每周一次　　 C. 每季一次　　 D. 每年一次

57. 起重机工作完毕后，所有（　　）应回零位。

A. 控制手柄　　 B. 起升机构　　 C. 大车　　　　 D. 小车

58. 高空作业分四级，三级作业是（　　）。

A. 2～5m　　　 B. 5～15m　　　 C. 15～30m　　　 D. 30m 以上

59. 吊钩微微下降动作要领为：手臂伸向侧前下方，与身体夹角为（　　），手心朝下，以腕部为轴重复向下摆动手掌。

A. 60°　　　　　 B. 45°　　　　　 C. 30°　　　　　 D. 90°

60. 特种设备安全监督管理部门根据（　　）或者取得的涉嫌违法证据，对涉嫌违反本条例规定的行为进行查处。

A. 举报　　　　 B. 事实　　　　 C. 传言　　　　 D. 政府文件

61. 卷筒与绕出钢丝绳的偏斜角对于单层缠绕机构不应大于（　　）。

A. 3°　　　　　　 B. 3.5°　　　　 C. 4°　　　　　　 D. 5°

62.《特种设备安全监察条例》规定，特种设备检验检测机构和检验检测人员利用检验检测工作故意刁难特种设备生产、使用单位，特种设备生产、使用单位有权向特种设备安全监督管理部门投诉，（　　）。

A. 接到投诉的特种设备安全监督管理部门应当及时进行调查处理

B. 接到投诉的特种设备检验检测机构应当及时进行调查处理

C. 应当对检验检测人员及时进行处理

D. 应当对检验检测机构及时进行处理

63. 钢丝绳的钢丝根据韧性的高低即弯折次数的多少，分为三级：特级、Ⅰ级、Ⅱ级。起重机采用的是（　　）。

A. 特级　　　　 B. Ⅰ级　　　　　 C. Ⅱ级　　　　　 D. 特级和Ⅰ级

64. 《特种设备安全监察条例》规定，特种设备事故造成（　　）人以下死亡，为一般事故。

A. 10　　　　　　B. 5　　　　　　C. 3　　　　　　D. 1

65. 为了使松闸时左右制动瓦块与制动轮之间的间隙对称，应调整（　　）。

A. 电磁铁行程　　　　　　B. 主弹簧工作长度

C. 制动瓦块与制动轮的间隙　　　　D. 弹簧张力

66. 单层股钢丝绳切割前的保护长度不得小于钢丝绳直径的（　　）倍。

A. 1　　　　　　B. 2　　　　　　C. 3　　　　　　D. 4

67. 起升机构必须安装（　　）制动器。

A. 常开式　　　　B. 常闭式　　　　C. 电气式　　　　D. 反接

68. 钢丝凸出通常成组出现在钢丝绳与滑轮槽接触面的（　　）。

A. 正面　　　　B. 背面　　　　C. 侧面　　　　D. 不一定

69. 起升机构制动器工作必须确保安全可靠，一般应每（　　）检查并调整一次，且在正式工作前应试吊以检验其是否安全可靠。

A. 天　　　　　　B. 周　　　　　　C. 月　　　　　　D. 季

70. 车轮踏面磨损达原厚度的（　　）%时，车轮应报废。

A. 15　　　　　　B. 20　　　　　　C. 25　　　　　　D. 30

71. 当实际起重量超过实际幅度所对应的起重量额定值的（　　）%时，起重力矩限制器宜发出报警信号。

A. 80　　　　　　B. 90　　　　　　C. 95　　　　　　D. 100

72. 稳钩操作时，跟车速度（　　）。

A. 不宜太快　　　B. 不宜太慢　　　C. 较难确定　　　D. 要快

73. 起重机抓斗张开后，斗口平行度误差不得超过（　　）mm。

A. 10　　　　　　B. 15　　　　　　C. 20　　　　　　D. 25

74. 停用一年以上的起重机，使用前应（　　）检查。

A. 维护　　　　B. 全面　　　　C. 重点　　　　D. 部分

75. 对起重吊装技术方案进行比较选择时，一般选择最有利于（　　）的优化方案。

A. 安全　　　　B. 成本　　　　C. 操作　　　　D. 效率

76. 《特种设备使用管理规则》规定，应当配备专职安全管理员，并且取得相应的特种设备安全管理人员资格证书的使用单位是（　　）

A. 使用 3 台以上（含 3 台）第Ⅲ类固定式压力容器的

B. 使用 5 台以上（含 5 台）第Ⅲ类固定式压力容器的

C. 使用 10 台以上（含 10 台）第Ⅲ类固定式压力容器的

D. 使用 20 台以上（含 20 台）第Ⅲ类固定式压力容器的

77. 起重机的电气设备运行操作必须严格按规程进行，切断电源的顺序为（　　）。

A. 先切断隔离开关，后切断负荷开关

B. 先切断负荷开关，后切断隔离开关

C. 负荷开关、隔离开关的切断不分前后

D. 负荷开关、隔离开关的同时切断

78.《中华人民共和国特种设备安全法》规定，特种设备安全管理人员、检测人员和作业人员应当严格执行（　　），保证特种设备安全。

A. 安全技术规范和管理制度　　　　B. 管理制度

C. 管理制度和操作规程　　　　　　D. 企业规章制度

79. 在起重机桥架或脚手架板上检修，必须戴（　　），防止用力过猛，重心偏移而坠落。

A. 安全帽　　　　B. 安全带　　　　C. 护目镜　　　　D. 耳套

80.《中华人民共和国特种设备安全法》规定，违反本法规定，（　　）的条件、程序实施许可的，由上级机关责令改正；对直接负责的主管人员和其他直接责任人员，依法给予处分

A. 负责特种设备安全监督管理部门工作人员未依照法律、行政法规规定

B. 负责特种设备安全监督管理的部门及其工作人员未依照法律、行政法规规定

C. 负责特种设备安全监督检验部门未依照法律、行政法规规定

D. 负责特种设备安全监督检验部门的工作人员未依照法律、行政法规规定

81. 起吊的载荷（　　）与其他的物体卡住或连接。

A. 可以　　　　　　　　　　　　　B. 允许

C. 一定情况下可以　　　　　　　　D. 不得

82.《山东省安全生产风险管控办法》规定，生产经营单位应当将（　　）名称、所在位置、可能导致事故类型、风险等级、管控措施及管控机构和责任人员等内容予以公示。

A. 重大风险点　　　　　　　　　　B. 较大风险点以上的

C. 一般风险点以上的　　　　　　　D. 全部风险点

83. 无特殊要求的起重机电磁铁，安全系数一般为（　　）。

A. 2　　　　　　B. 3　　　　　　C. 6　　　　　　D. 7

84.《特种设备使用管理规则》规定，发生自然灾害危及特种设备安全时，使用单位应当（　　），同时向特种设备安全监管部门和有关部门报告。

A. 立即疏散、撤离有关人员，采取防止危害扩大的必要措施

B. 采取防止危害扩大的必要措施

C. 立即进行处理

D. 立即疏散、撤离有关人员

85. 吊起的重物落地时，起重机应采用（　　）。

A. 快速落地　　　　　　　　　　　B. 慢速落地

C. 自由落地　　　　　　　　　　　D. 冲击落地

86.《特种设备使用管理规则》规定，特种设备改造完成后，使用单位应当（　　）向登记机关提交原使用登记证、重新填写的使用登记表（一式两份）、改造质量证明资料以及改造监督检验证书（需要监督检验的），申请变更登记，领取新的使用登记证。

A. 在投入使用前或者投入使用后 30 日内

B. 在投入使用前

C. 投入使用后 30 日内

D. 在投入使用后

87. 当劳动防护用品出现损坏或其他因防护性能降低不能再保护佩戴者安全时，应（   ）劳动防护用品。

    A. 继续使用   B. 维修   C. 更换新的   D. 以上都可

88. 《中华人民共和国特种设备安全法》规定，地方各级人民政府负责特种设备安全监督管理的部门不得要求已经依照本法规定在其他地方取得许可的特种设备生产单位重复取得许可，不得要求对已经依照本法规定在其他地方检验合格的特种设备（   ）。

    A. 检查资料   B. 重复进行检验

    C. 查验   D. 进行监督检验

89. 重物起吊前，首先要试吊，试吊高度在（   ）m 以下，待确认无危险后再起吊。

    A. 2   B. 1.5   C. 0.5   D. 0.8

90. 《中华人民共和国特种设备安全法》规定，特种设备属于共有的，共有人未（   ）管理特种设备的，由共有人或者实际管理人履行管理义务，承担相应责任。

    A. 申请   B. 批准   C. 委托   D. 授权

三、不定项选择题

91. 符合滑轮报废标准的有（   ）。

    A. 裂纹

    B. 轮槽不均匀磨损达 3mm

    C. 轮槽壁厚磨损达原壁厚的 20%

    D. 因磨损使轮槽底部直径减少量达钢丝绳直径的 50%

92. 事故简要经过：某港集装箱码头，一台正在使用的门座起重机在装卸一集装箱过程中突然发生坠落，所幸坠落现场没有人员。经调查：该设备只使用了七个多月，起升机构变速器高速轴断裂和相啮合的轮齿部分齿折断。事故原因分析：（   ）。

    A. 该设备制造厂没有严格执行工艺要求

    B. 轴肩圆角处应力集中

    C. 起重机构安全装置失灵

    D. 起重机制造过程监检工作不落实

93. 减速器漏油的原因有（   ）。

    A. 箱体开合面不平   B. 密封不好

    C. 压力太大   D. 箱体振动过大

94. 起重作业的"三不伤害"是指：（   ）。

    A. 不伤害自己   B. 不伤害他人

    C. 不被他人伤害   D. 不伤害设备

95. 起重机的危险工况有（   ）等。

    A. 各种限位失灵   B. 制动装置不起作用

    C. 钢丝绳处于报废标准状态   D. 风力 6 级以上

96. 制动器打不开的原因有（   ）。

    A. 主弹簧损坏   B. 电磁线圈烧坏

    C. 活动铰点卡住   D. 油液使用不当

97. 重锤式起升高度限位器由（　　　）组成。

A. 安全尺　　　　　　　　　　B. 限位开关

C. 卷筒齿轮　　　　　　　　　D. 重锤

98. 《中华人民共和国特种设备安全法》规定，特种设备检验、检测机构及其检验、检测人员不得从事有关特种设备的生产、经营活动，不得（　　　）特种设备。

A. 监检　　　　B. 推荐　　　　C. 监制　　　　D. 监销

99. 《中华人民共和国安全生产法》规定的从业人员的义务有（　　　）。

A. 遵章守规，服从管理　　　　B. 自觉加班加点

C. 接受安全生产教育和培训　　D. 发现不安全因素及时报告

100. 造成起重机零件损坏的原因可能有（　　　）。

A. 磨损　　　　B. 疲劳　　　　C. 冲击振动　　　D. 腐蚀老化　　　E. 火花烧损

模拟试题（一）参考答案

1. √　2. √　3. √　4. ×　5. √　6. √　7. √　8. ×　9. √　10. ×
11. ×　12. √　13. √　14. ×　15. √　16. √　17. ×　18. ×　19. ×　20. √
21. A　22. C　23. A　24. A　25. C　26. B　27. A　28. B　29. C　30. A
31. A　32. C　33. A　34. C　35. A　36. D　37. B　38. C　39. C　40. A
41. B　42. A　43. C　44. D　45. A　46. A　47. D　48. C　49. A　50. C
51. B　52. D　53. C　54. D　55. A　56. C　57. A　58. A　59. C　60. D
61. C　62. B　63. B　64. A　65. B　66. B　67. C　68. B　69. C　70. B
71. A　72. A　73. B　74. C　75. C　76. C　77. A　78. A　79. C　80. A
81. B　82. A　83. A　84. B　85. D　86. A　87. D　88. B　89. A　90. D
91. BCD　92. CD　93. ABCDE　94. ABC　95. ABD　96. ABCD　97. ABC
98. ABCDE　99. AB　100. BCD

模拟试题（二）参考答案

1. √　2. ×　3. √　4. √　5. ×　6. √　7. √　8. √　9. √　10. √
11. √　12. √　13. ×　14. ×　15. √　16. √　17. √　18. √　19. √　20. ×
21. C　22. A　23. C　24. A　25. B　26. D　27. B　28. A　29. A　30. D
31. B　32. A　33. B　34. B　35. A　36. C　37. B　38. D　39. B　40. A
41. A　42. C　43. C　44. A　45. C　46. A　47. C　48. C　49. C　50. B
51. C　52. D　53. B　54. A　55. C　56. A　57. C　58. A　59. B　60. A
61. B　62. D　63. B　64. A　65. A　66. B　67. C　68. D　69. C　70. C
71. B　72. D　73. A　74. C　75. A　76. B　77. A　78. B　79. A　80. C
81. B　82. C　83. B　84. C　85. A　86. C　87. A　88. D　89. D　90. B
91. BC　92. ACD　93. BC　94. BC　95. ABCD　96. ABC　97. ABCDE
98. ABCDE　99. ABC　100. ABCD

模拟试题（三）参考答案

1. √ 2. × 3. √ 4. × 5. √ 6. √ 7. √ 8. × 9. × 10. √
11. √ 12. × 13. × 14. × 15. × 16. √ 17. × 18. × 19. × 20. √
21. A 22. A 23. D 24. C 25. B 26. C 27. C 28. B 29. D 30. A
31. C 32. A 33. C 34. B 35. B 36. A 37. A 38. A 39. A 40. B
41. B 42. D 43. A 44. A 45. C 46. B 47. A 48. A 49. D 50. B
51. B 52. A 53. B 54. A 55. C 56. A 57. A 58. C 59. C 60. A
61. B 62. A 63. B 64. C 65. C 66. B 67. B 68. B 69. A 70. A
71. C 72. B 73. C 74. B 75. A 76. B 77. B 78. A 79. B 80. B
81. D 82. B 83. A 84. A 85. B 86. A 87. C 88. B 89. C 90. C
91. ABCD 92. ABD 93. AB 94. ABC 95. ABC 96. BCD 97. BD
98. BCD 99. ACD 100. ABCDE

附　录

起重机手势信号（GB/T 5082—2019）

图 A-1　操作开始（准备）

图 A-2　停止（正常停止）

图 A-3　紧急停止（快速停止）

图 A-4　结束指令

图 A-5　平稳或精确减速

图 A-6　指示垂直距离

图 A-7　匀速提升

图 A-8　慢速提升

图 A-9　匀速下降

图 A-10　慢速下降

图 A-11　指定方向的运行、回转

图 A-12　驶离指挥人员

图 A-13　驶向指挥人员

a) 向前

b) 向后

图 A-14　两个履带的运行

图 A-15　单个履带的运行

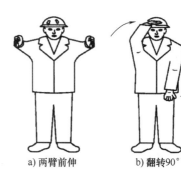
a) 两臂前伸　　　b) 翻转90°

图 A-16　指示水平距离　　　图 A-17　翻转（通过两个起重机或吊钩）

图 A-18　主起升机构

图 A-19　副起升机构

图 A-20　臂架起升

图 A-21　臂架下降

图 A-22　臂架外伸或小车向外运行

图 A-23　臂架收回或小车向内运行

图 A-24　载荷下降时臂架起升

图 A-25　载荷起升时臂架下降

附录 B　安全标志

安全标志分禁止标志、警告标志、指令标志和提示标志四大类型。

1）禁止标志的基本形式是带斜杠的圆边框，用于禁止人们的不安全行为。

2）警告标志的基本形式是正三角形边框，用于提醒人们对周围环境引起注意，以避免可能发生危险。

3）指令标志的基本形式是圆形边框，用于强制人们必须做出某种动作或采用防范措施。

4）提示标志的基本形式是正方形边框，用于向人们提供某种信息（如标明安全设施或场所等）。

　　横写时，文字辅助标志写在标志的下方，可以和标志连在一起，也可以分开，如图 B-1 所示。禁止标志、指令标志为白色字；警告标志为黑色字。禁止标志、指令标志衬底色为标志的颜色，警告标志衬底色为白色。

　　竖写时，文字辅助标志写在标志杆的上部，如图 B-2 所示。禁止标志、警告标志、指令标志和提示标志均为白色衬底，黑色字。

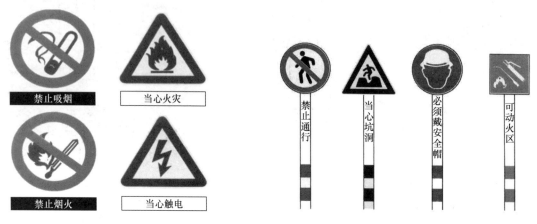

图 B-1　横写的文字辅助标志　　　　　　图 B-2　竖写的文字辅助标志

1. 常见禁止标志（见图 B-3）

图 B-3　常见禁止标志

图 B-3　常见禁止标志（续）

2. 常见警告标志（见图 B-4）

图 B-4　常见警告标志

图 B-4　常见警告标志（续）

3. 常见指令标志（见图 B-5）

图 B-5　常见指令标志

4. 常见提示标志（见图 B-6）

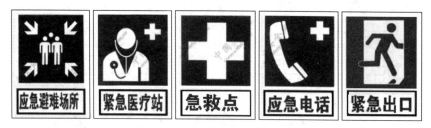

图 B-6　常见提示标志

附录 C

起重机械作业人员考试大纲

一、范围

桥式和门式起重机司机、塔式起重机司机、流动式起重机司机、门座式起重机司机、升降机司机、缆索式起重机司机及相应指挥人员需要按照本大纲取得特种设备作业人员证。

从事起重机械司索作业人员、起重机械地面操作人员和遥控操作人员、桅杆式起重机和机械式停车设备的司机不需要取得特种设备作业人员证，使用单位可参照本大纲的内容，对相关人员的从业能力进行培训和管理。

二、申请人专项要求

具有相应的起重机械基础知识、专业知识、法规标准知识，具备相应的实际操作技能。

三、考试方式

考试分为理论知识考试和实际操作技能考试。理论知识考试应当采用"机考化"考试。实际操作技能考试采用现场实际操作方式，不得采用虚拟设备代替实际操作考试。具体考试内容见本大纲附录。

四、理论知识考试内容比例和要求

理论知识考试各部分内容所占比例：基础知识占30%，安全知识占50%，法规标准知识占20%。

理论知识考试，考试题型包含判断题、选择题，考试题目数量为100题，考试时间为60min。

五、实际操作技能考试内容比例和要求

实际操作技能考试各部分内容所占比例如下：部件识别占30%，基本操作能力占50%，应急处置能力占20%。

起重机司机实际操作技能考试，按申请作业项目所涉及类别起重机中的任一品种进行考试，其他品种的实际操作技能由用人单位负责培训。

六、起重机司机考试内容

（一）理论知识

1. 基础知识

1）起重机械的基本组成（结构、机构、电气和控制等）、原理、用途、工作特点以及对工作环境的要求。

2）起重机械的主要参数。

3）起重机械主要零部件的要求。

4）各类起重机械安全保护装置功能与使用：包括起重量限制器、起重力矩限制器、极限力矩限制器、起升高度（下降深度）限制器、运行行程限位器、幅度限位器、回转限位器、超速保护装置、偏斜指示器或者限制器、联锁保护装置、防碰撞装置、抗风防滑装置、缓冲器、风速仪及风速报警器、防小车坠落保护、防止臂架向后倾翻的装置、回转锁定装置、支腿回缩锁定装置、防碰撞装置、层门或停层栏杆与吊笼的联锁、封闭式吊笼顶部的紧急出口门安全开关、防坠安全保护装置、防松绳和断绳保护装置、上下限位开关等安全保护装置的功能与使用。

根据相应起重机的具体要求，对应选择相应的安全保护装置。

5）起重机械的电气保护系统的功能及其要求：包括短路保护、零位保护、错（断）相保护、紧急断电开关和电气绝缘等的功能与要求。

6）液压系统的功能与要求。

7）基础、轨道的安全状态判断与防护。

8）起重吊运指挥信号。

9）照明和信号。

10）起重吊具和索具安全技术要求：包括吊钩、抓斗、电磁吸盘、集装箱专用吊具、专用吊具横梁、料斗、吊索（绳、带、链条）和捆绑索（绳）等的安全技术要求。

11）危险源辨识。

2. 安全知识

1）起重机司机的职责和责任。

2）起重机械安全管理制度。

3）起重机械安全操作规程。

4）起重机械日常检查和维护保养要求

① 日常检查，包括运行前的检查、运行结束后的检查、运行记录的填写等。

② 维护保养，包括确认吊钩、钢丝绳、制动器等的主要零部件、安全保护装置和控制装置等。

5）起重机械常见故障、危险工况的辨识、违章操作可能产生的危险后果。

6）起重机械零部件的报废标准。

7）高处作业安全知。

8）用电安全知识。

9）防火、灭火安全知识。

10）防止机械伤害知识。

11）有毒有害作业环境知识。

12）劳动防护用品的使用。

13）安全标志。

14）起重机械紧急事故的应急处置方法

① 起重机械作业运行故障与异常情况的辨识。

② 起重机械常见故障的现场排除方法。

③ 起重机械出现意外情况（如制动器失效等）时的处置。

④ 触电、火灾、倒塌、挤压和坠落等多发事故的原因分析及其人员防护、应急救援、应急处置与预防等的处理方法。

3. 法规标准知识

1）《中华人民共和国特种设备安全法》。

2）《特种设备安全监察条例》。

3）《特种设备作业人员监督管理办法》。

4）《特种设备使用管理规则》。

5）《起重机械安全监察规定》第四章。

6）《起重机械定期检验规则》。

7)《起重机械安装改造重大修理监督检验规则》。

8)《起重机械安全规程第 1 部分：总则》（GB/T 6067.1—2010）。

9）其他有关规范及相应标准。

（二）实际操作技能

1. 桥式、门式起重机司机实际操作技能要求

（1）现场作业识别能力

1）主要零部件的识别：

① 指出主要结构、机构（件）的名称及作用，包括主梁、端梁、支腿、上部框架、前臂梁、门形架、撑杆、拉杆、小车、起升机构、运行机构、俯仰机构、起升钢丝绳、卷筒、吊钩、滑轮、联轴器和工作制动器等。

② 指出各安全保护装置的名称、作用和安装位置，包括起重量限制器、起升高度（下降深度）限制器、运行行程限位器、缓冲器及端部止挡、抗风防滑装置、安全制动器等。

③ 指出电气保护各动作后的反应情况和其所处的位置。

2）作业现场安全标志的识别。

（2）基本操作

1）机构空载运行操作：

① 起升机构，从最小起升高度到最大起升高度，全程操作。

② 运行机构，包括大车和小车机构，全行程操作。

2）机构带载运行操作。起升机构起吊一定的载荷，进行以下运行操作并定点停放：

① 起升机构，起升到一定高度并下降。

② 小车机构，运行一定行程。

③ 大车机构，运行一定行程。

（3）操作要求　空载和带载运行操作过程中，要求司机根据指挥的指令，将吊具或载荷从一个地方放到另一地方；有联动要求的，可以进行机构联合操作完成上述动作，每次操作应平稳、准确。

2. 塔式起重机司机实际操作技能要求

（1）现场作业识别能力

1）主要零部件的识别：

① 指出主要结构、机构的名称及作用，包括塔身标准节、回转上下支座（回转塔身）、起重臂、拉杆、塔顶（塔头）、顶升套架、平衡臂、平衡重、附着框、附着拉杆、起升机构、变幅机构、回转机构、行走机构和顶升机构等。

② 指出各安全保护装置的名称、作用和安装位置，包括起重力矩限制器、起重量限制器、起升高度（下降深度）限制器、回转限位器、行走限位装置、幅度限位装置、小车断绳保护装置、小车断轴保护装置、钢丝绳防脱装置、风速仪、顶升横梁防脱功能等。

③ 指出机构及整机电气保护各动作后的反应情况和其所处的位置。

2）作业现场安全标志的识别。

（2）基本操作

1）机构空载运行操作：

① 起升机构，从最小起升高度到最大起升高度，全程操作。

② 变幅机构，从最小幅度到最大幅度，全程操作。

③ 回转机构，全范围操作。

④ 行走机构，全行程操作。

2）机构带载运行操作。起升机构起吊一定的载荷，进行以下运行操作并定点停放：

① 起升机构，起升到一定高度。

② 变幅机构，变幅到某一幅度。

③ 回转机构，回转一定的角度。

④ 行走机构：行走一段距离。

（3）操作要求　空载和带载运行操作过程中，要求操作者根据指挥的指令，将吊具或载荷从一个地方放到另一地方；有联动要求的，可以进行机构联合操作完成上述动作，每次操作应平稳、准确。

3. 流动式起重机司机实际操作技能要求

（1）现场作业识别能力

1）主要零部件的识别：

① 指出主要结构、机构的名称及作用，包括主臂、副臂、桅杆、回转平台、车架、履带架、支腿、起升机构、变幅机构、回转机构、行走机构、超起装置、臂架伸缩机构和支腿收放机构等。

② 指出安全保护装置的名称、作用和安装位置，包括起重量显示器、起重力矩限制器、起升高度限位器、幅度限位器、防后倾安全装置、角度限位器、水平显示器、故障显示装置、三色指示灯报警装置、警告灯和风速仪等。

③ 指出液压系统元件的名称和位置。

④ 指出机构及整机电气保护各动作后的反应情况和其所处的位置。

2）作业现场安全标志的识别。

（2）基本操作

1）机构空载运行操作：

① 观察作业现场，选择停车和作业场地。

② 起升机构，从最小起升高度到最大起升高度，全程操作。

③ 变幅机构，从最小幅度到最大幅度，全程操作。

④ 回转机构，全范围操作。

2）机构带载运行操作。起升机构起吊一定的载荷，进行以下运行操作并定点停放：

① 起升机构，起升到一定高度。

② 变幅机构，变幅到某一幅度。

③回转机构，回转一定的角度。

④ 对具有带载行走功能的流动式起重机（如履带起重机、轮胎起重机等），还应进行带载行走一段距离的操作。

（3）操作要求　空载和带载运行操作过程中，要求司机根据指挥的指令，将吊具或载荷从一个地方放到另一地方；有联动要求的，可以进行机构联合操作完成上述动作，每次操作应平稳、准确。

4. 门座式起重机司机实际操作技能

（1）现场作业识别能力

1）主要零部件的识别：

① 指出主要结构、机构的名称及作用，包括门架（含圆筒）、臂架、人字架、转台、转柱、拉杆、起升机构、变幅机构、回转机构和行走机构等。

② 指出各安全保护装置的名称、作用和安装位置，包括起重力矩限制器、起重量限制器、起升高度（下降深度）限制器、回转限位（如果有）、大车行走限位器、变幅限位器、防碰撞装置、抗风防滑装置、缓冲器、风速报警器等安全保护装置。

③ 指出机构及整机电气保护各动作后的反应情况和其所处的位置。

2）作业现场安全标志的识别。

（2）基本操作

1）机构空载运行操作：

① 起升机构，从最小起升高度到最大起升高度，全程操作。

② 变幅机构，从最小幅度到最大幅度，全程操作。

③ 回转机构，全范围操作。

2）机构带载运行操作。起升机构起吊一定的载荷，进行以下运行操作并定点停放：

① 起升机构，起升到一定高度。

② 变幅机构，变幅到某一幅度。

③ 回转机构，回转一定的角度。

④ 对具有带载行走功能的门座式起重机，还应进行带载行走一段距离的操作。

（3）操作要求　空载和带载运行操作过程中，要求司机根据指挥的指令，将吊具或载荷从一个地方放到另一地方；有联动要求的，可以进行机构联合操作完成上述动作，每次操作应平稳、准确。

5. 升降机司机实际操作技能要求

（1）现场作业识别能力

1）主要零部件的识别：

① 指出主要结构、机构的名称及作用，包括底架、导轨架、吊笼、附墙架和提升机构的传动方式（齿轮齿条、卷扬机、曳引机和液压）等。

② 指出各安全保护装置的名称、作用和安装位置，包括超载保护装置、上下行程开关、上下极限限位器、防坠安全器、破断阀、地面防护围栏门机械锁钩和电气安全装置、吊笼门机械锁钩和电气安全装置、安全钩（适用于齿轮齿条式升降机）、钢丝绳防松弛装置、断绳保护装置、层门联锁保护装置、应急出口门的安全开关等。

③ 指出整机电气保护动作后的反应情况和其所处的位置。

2）作业现场安全标志的识别。

（2）升降机基本操作

1）空载运行操作。从地面起升到最大起升高度，再落回原位，进行以下确认和处理：

① 零位保护和开机信号功能。

② 相序保护功能。

③ 上、下限位开关功能。

④ 停层精度。

⑤ 层门关闭功能。

⑥ 防坠安全器动作后的复位处理。

⑦ 极限开关的复位处理。

2）带载运行操作：要求操作者根据指令，将一定载荷从地面升到指定的高度，再返回地面。每次操作应平稳、准确。

6. 缆索式起重机司机实际操作技能要求

（1）现场作业识别能力

1）主要零部件的识别：

① 指出主要结构、机构件的名称及作用，包括主塔、副塔、立柱、主梁、钩梁、承载索拉板、支索器（承马）、承载索、起升钢丝绳、牵引钢丝绳、起升机构、牵引机构、大车运行机构、摆塔机构、张紧机构、排绳机构和承载索系统等。

② 指出各安全保护装置的名称、作用和安装位置，包括大小车行程限位开关、起重量限制器、起升高度限制器、钢丝绳防脱装置和抗风防滑装置等。

③ 指出机构及整机电气保护各动作后的反应情况和其所处的位置。

2）作业现场安全标志的识别。

（2）基本操作

1）机构空载运行操作：

① 起升机构，从最小起升高度到最大起升高度，全程操作。

② 主、副塔（车）运行作业，全行程操作。

③ 牵引机构，全行程操作。

2）机构带载运行操作。起升机构起吊一定的载荷，进行以下运行操作并定点停放：

① 起升机构，起升到一定高度。

② 主、副塔（车）运行作业，行走一段距离或摆动一定角度。

③ 牵引机构，行走一段距离。

（3）操作要求 空载和带载运行操作过程中，要求司机根据指挥的指令，将吊具或载荷从一个地方放到另一地方；有联动要求的，可以进行机构联合操作完成上述动作，每次操作应平稳、准确。

参 考 文 献

［1］ 全国起重机械标准化技术委员会. 起重机械安全规程：第1部分　总则：GB 6067.1—2010［S］. 北京：中国标准出版社，2011.

［2］ 全国起重机械标准化技术委员会. 起重机械安全规程：第5部分　桥式和门式起重机：GB 6067.5—2014［S］. 北京：中国标准出版社，2015.

［3］ 全国起重机械标准化技术委员会. 塔式起重机安全规程：GB 5144—2006［S］. 北京：中国标准出版社，2007.

［4］ 北京建筑机械化研究院. 施工升降机安全规程：GB 10055—2007［S］. 北京：中国标准出版社，2007.

［5］ 全国起重机械标准化技术委员会. 起重机设计规范：GB/T 3811—2008［S］. 北京：中国标准出版社，2008.

［6］ 全国起重机械标准化技术委员会. 起重机　术语：第1部分　通用术语：GB/T 6974.1—2008［S］. 北京：中国标准出版社，2008.

［7］ 全国起重机械标准化技术委员会. 起重吊钩：第1部分　力学性能、起重量、应力及材料：GB/T 10051.1—2010［S］. 北京：中国标准出版社，2011.

［8］ 全国起重机械标准化技术委员会. 起重吊钩：第2部分　锻造吊钩技术条件：GB/T 10051.2—2010［S］. 北京：中国标准出版社，2011.

［9］ 全国磁力材料及设备标准化工作组. 起重电磁铁通用技术条件：GB/T 33545—2017［S］. 北京：中国标准出版社，2018.

［10］ 全国起重机械标准化技术委员会. 起重机　钢丝绳　保养、维护、检验和报废：GB/T 5972—2016［S］. 北京：中国标准出版社，2016.

［11］ 全国起重机械标准化技术委员会. 通用桥式起重机：GB/T 14405—2011［S］. 北京：中国标准出版社，2011.

［12］ 全国起重机械标准化技术委员会. 通用门式起重机：GB/T 14406—2011［S］. 北京：中国标准出版社，2011.

［13］ 全国起重机械标准化技术委员会. 塔式起重机：GB/T 5031—2019［S］. 北京：中国标准出版社，2019.

［14］ 全国起重机械标准化技术委员会. 履带起重机：GB/T 14560—2016［S］. 北京：中国标准出版社，2019.

［15］ 全国升降工作平台标准化技术委员会. 吊笼有垂直导向的人货两用施工升降机：GB 26557—2011［S］. 北京：中国标准出版社，2011.

［16］ 全国起重机械标准化技术委员会. 起重机械　检查与维护规程：第1部分　总则：GB/T 31052.1—2014［S］. 北京：中国标准出版社，2015.

［17］ 文豪. 起重机械［M］. 北京：机械工业出版社，2013.

［18］ 马恩远. 起重机司机［M］. 2版. 北京：中国劳动社会保障出版社，2004.